配网不停电作业紧急避险实训教程

李卫胜　主编

中国水利水电出版社
www.waterpub.com.cn
·北京·

内 容 提 要

本书以配电网不停电作业避险为研究对象，重点研究了配网不停电作业这一技术手段下紧急避险的技能，涉及急救现场处置技术、紧急避险基本原则、突发事故急救、现场紧急处置方案等内容，通过以上内容的研究能提高专业人员配网不停电作业下紧急避险的技能。本书语言简练、结构清晰、内容丰富，系统性、时代性、创新性等特点显著，还具有非常高的参考和借鉴价值。

图书在版编目 (CIP) 数据

配网不停电作业紧急避险实训教程 / 李卫胜主编
. — 北京：中国水利水电出版社，2019.1 （2024.8 重印）
ISBN 978-7-5170-7417-5

Ⅰ.①配… Ⅱ.①李… Ⅲ.①配电系统 – 带电作业 –
紧急避难 – 安全培训 – 教材 Ⅳ.① TM727

中国版本图书馆 CIP 数据核字（2019）第 025611 号

书　　名	配网不停电作业紧急避险实训教程 PEIWANG BUTINGDIAN ZUOYE JINJI BIXIAN SHIXUN JIAOCHENG
作　　者	李卫胜　主编
出版发行	中国水利水电出版社 （北京市海淀区玉渊潭南路 1 号 D 座　100038） 网址：www.waterpub.com.cn E-mail：sales@waterpub.com.cn 电话：（010）68367658（营销中心）
经　　售	北京科水图书销售中心（零售） 电话：（010）88383994、63202643、68545874 全国各地新华书店和相关出版物销售网点
排　　版	北京亚吉飞数码科技有限公司
印　　刷	三河市华晨印务有限公司
规　　格	170mm×240mm　16 开本　12.5 印张　162 千字
版　　次	2019 年 4 月第 1 版　2024 年 8 月第 3 次印刷
印　　数	0001—2000 册
定　　价	48.00 元

编委会

前　言

　　近年来,随着整个社会经济的飞速发展,生产生活用电需求迅猛增长。提高配电网运行的可靠性、经济性,已经成为一个迫在眉睫的问题。目前,配网不停电作业由于其技术上的优势,成为了提高供电可靠性的必不可少的技术手段。为了确保优质服务,提高经济效益,我国配网检修模式正在向不停电作业方向发展。但是目前各省电力公司带电作业存在工作不平衡和区域性差异、外部环境复杂、现场处置能力培训不足、缺乏经验等问题。我国电力行业有一系列预防和管控措施来保障配网不停电作业的安全开展,但作业人员仍有可能因身体状况、作业环境、通信不畅通、设备故障等突发情况发生意外。目前,我国电力行业还没有专门的配网不停电作业紧急避险技术措施,救援力量也多依附于消防部队和民间救援组织。因配网不停电作业不同于普通的救援,救援人员往往需要具有杆(塔)攀爬、带电作业、有限空间作业等特殊技能,社会救援力量往往对带电作业特殊技能和作业流程掌握不足,无法有效实施救援工作。同时,配电带电作业受地形、微气象、线路带电、道路交通等因素限制,常规的救援开展往往受到时效限制,因此提升配网不停电作业现场作业人员的紧急处置能力就显得尤为重要。

　　2018 年,国家电网济宁供电公司培训中心针对配网不停电作业现场突发疾病及意外伤害现场急救、人员特殊作业区域【绝缘斗臂、杆塔横担、杆(塔)中段】被困等方面对带电作业带来的风险进行分析,并对应对策略进行研究攻关,并将攻关成果编写成《配网不停电作业紧急避险实训教程》深入贯彻《中共中央国务院关于推进安全生产领域改革发展的意见》,全面落实公司《关于强化本质安全的决定》，以预防为主、源头治理为目标，对中心所开设的配网不停电作业技能培训课程内容进行优化改良，强化一线作业员工现场作业安全理念，使其掌握作业现场突发状况紧急处置技能，这对于提高本质安全水平，保障安全生产具有重要意义。

　　本书有五章。第一章首先阐述了配网不停电作业的风险及防范措施；第二章阐明了配网不停电作业的紧急避险基本原则；第三章和第四章分别研究了急救现场的处置技术以及技术要点点；第五章则研究了现场紧急处置的方案。

　　由于时间所限，成书后仍旧可能有不足之处，希望读者指出。另外，本书的撰写还参考了一些相关文献，特向这些作者表示感谢。

作　者

2018 年 9 月

目　录

第一章　配网不停电作业的风险及防范措施

　　不停电作业是指以实现用户的不停电或短时停电为目的,采用多种方式对设备进行检修的作业。配网不停电作业以客户不停电为目的,是提高配网供电可靠性和优质服务水平不可或缺的技术手段。自开展配网不停电作业以来,我国配网不停电作业技术在理论研究、安全管理、技术手段及工作器具等各方面都有了长足的进步。随着我国经济的快速发展,城市化进程不断加快,在物质生活水平提高的同时,用户对 10 kV 配电网的用电可靠性和不间断的供电需求的要求也在不断提升,这对供电质量提出了更高的要求,这直接导致配网不停电作业工作量在近几年内出现了跳跃式增长,并且随着配电网建设的不断推进,以停电为主的运维检修模式的弊端逐渐显现。不停电作业由于其技术上的优势,将逐渐成为未来配电网运维检修的主要方法。这也意味着配网不停电作业工作量将会继续出现跳跃式增长。巨大工作量必将导致较高的安全风险和新的安全问题,也会对我国现行的配网不停电作业安全技术体系提出严峻挑战。由于配网线路设备密集、线路间距小,因此配网不停电作业安全风险高,事故发生后的紧急救援难度大,需要现场作业人员具有较高的紧急处置技能。

第一节　配网不停电作业的方法及安全措施

一、配网不停电作业方法分类

配网不停电作业主要方法的分类有以下几种。

（一）按人与带电体的相对位置划分

不停电作业方式根据作业人员与带电体的位置分为间接作业与直接作业两种方式。

1. 间接作业

间接作业是指作业人员不直接接触带电体,保持一定的安全距离,利用绝缘工具操作高压带电部件的作业。从操作方法来看,地电位作业、中间电位作业等都属于间接作业。间接作业也称为"距离作业"。

2. 直接作业

直接作业是指作业人员直接接触带电体进行的作业。在配电线路带电作业中,直接作业是指作业人员穿戴全套绝缘防护用具直接对带电体进行作业(全绝缘作业法)。作业时,人体与带电体不是同一电位,虽然无间隙距离,但人体是通过绝缘用具与带电体隔离开来的,因此,它对防护用具的要求是越绝缘越好。目前广泛采用的是绝缘手套法,作业人员在绝缘斗臂车或绝缘平台上,穿戴全套绝缘服,戴绝缘手套,对带电设备、接地设备进行有效绝缘遮蔽,然后分相作业。这种配电带电作业中的直接作业不是等电位作业,属于中间电位作业。

（二）按作业人员的自身电位划分

1. 地电位作业法

地电位作业法是指作业人员保持人体与大地（或杆塔）同一电位，通过绝缘工具接触带电体的作业。这时人体与带电体的关系是：大地（杆塔）→人→绝缘工具→带电体。

2. 中间电信作业法

中间电位作业法是在地电位作业和等电位作业不便采用的情况下，介于两者之间的一种作业方法。此时人体的电位是介于地电位和带电体电位之间的某一悬浮电位，它要求作业人员既要保持与带电体有一定的安全距离，又要保持与地有一定的安全距离。这时，人体与带电体的关系是：大地（杆塔）→绝缘体→人体→绝缘工具→带电体。

3. 等电位作业

等电位作业法是作业人员保持与带电体（导线）同一电位的作业。此时，人体与带电体的关系是：带电体（人体）→绝缘体→大地（杆塔）。此种作业方法只适用于输电带电作业，配电带电作业不允许等电位作业。

（三）根据作业人员采用的绝缘工具划分

1. 绝缘杆作业法

绝缘杆作业法是指作业人员与带电体保持规定的安全距离，戴绝缘手套和穿绝缘靴，通过绝缘工具进行作业的方式。在杆上作业人员伸展身体各部位有可能触及不同电位的设备时，作业人员应对带电体进行绝缘遮蔽，并穿戴全套绝缘防护用具。绝缘杆作业既可在登杆作业中采用，也可在斗臂车的工作斗或其他绝缘平台上采用。绝缘杆作业法中，绝缘杆为相地之间主绝缘，绝缘防护用具为辅助绝缘。

2. 绝缘手套作业法

绝缘手套作业法是指作业人员使用绝缘承载工具（绝缘斗臂车、绝缘梯、绝缘平台等）与大地保持规定的安全距离,穿戴绝缘防护用具,与周围物体保持绝缘隔离,通过绝缘手套对带电体直接进行作业的方式。采用绝缘手套作业法时,无论作业人员与接地体和相邻带电体的空气间隙是否满足规定的安全距离,作业前均须对人体可触及范围内的带电体和接地体进行绝缘遮蔽。在作业范围窄小,电气设备布置密集处,为保证作业人员对相邻带电体或接地体的有效隔离,在适当位置还应装设绝缘隔板等限制作业人员的活动范围。绝缘手套作业法中,绝缘承载工具为相地主绝缘,空气间隙为相间主绝缘,绝缘遮蔽用具、绝缘防护用具为辅助绝缘。

二、配网不停电作业安全措施

为了保障配网不停电作业安全开展,国家电网公司有一套完善的安全管控体系来避免安全事故的发生。本书对保障配网不停电作业安全开展相关的安全措施进行了总结归纳。

（一）配网不停电作业一般要求

（1）参加带电作业的人员应经专门培训,考试合格取得资格、经批准后,方可参加相应的作业。带电作业工作票签发人和工作负责人、专责监护人应由具有带电作业资格和实践经验的人员担任。

（2）带电作业应有人监护。监护人不得直接操作,监护的范围不得超过一个作业点。对于复杂或高杆塔作业,必要时应增设专责监护人。

（3）工作负责人在带电作业开始前应与值班调控人员或运维人员联系。需要停用重合闸的作业和带电断、接引线工作应由值班调控人员履行许可手续。带电作业结束后,工作负责人应及时向值班调控人员或运维人员汇报。

（4）带电作业应在良好天气下进行。作业前须进行风速和湿度测量，风力大于 5 级，或湿度大于 80% 时，不宜带电作业。若遇雷电、雪、雹、雨、雾等不良天气，禁止带电作业。

带电作业过程中若遇天气突然变化，有可能危及人身及设备安全时，应立即停止工作，撤离人员，恢复设备正常状况，或采取临时安全措施。

（5）带电作业项目，应勘察配电线路是否符合带电作业条件、高杆（塔）架设线路及其方位和电气间距、作业现场条件和环境及其他影响作业的危险点，并根据勘察结果确定带电作业方法、所需工具以及应采取的措施。

（6）带电作业新项目和研制的新工具应进行试验论证，确认安全可靠，并制定出相应的操作工艺方案和安全技术措施，经本单位批准后，方可使用。

（二）组织措施

1. 现场勘察制度

配电检修（施工）作业和用户工程、设备上的工作，工作票签发人或工作负责人认为有必要现场勘察的，应根据工作任务组织现场勘察，并填写现场勘察记录。现场勘察应由工作票签发人或工作负责人组织，工作负责人、设备运维管理单位（用户单位）和检修（施工）单位相关人员参加。对涉及多专业、多部门、多单位的作业项目，应由项目主管部门、单位组织相关人员共同参与。现场勘察应查看检修（施工）作业需要停电的范围、保留的带电部位、装设接地线的位置、邻近线路、交叉跨越、多电源、自备电源、地下管线设施和作业现场的条件、环境及其他影响作业的危险点，并提出针对性的安全措施和注意事项。现场勘察后，现场勘察记录应送交工作票签发人、工作负责人及相关各方，作为填写、签发工作票等的依据。开工前，工作负责人或工作票签发人应重新核对现场勘察情况，发现与原勘察情况有变化时，应及时修正、完善相应的安全措施。

2. 工作票制度

高压配电带电作业应填用配电带电作业工作票。工作票由工作负责人填写,也可由工作票签发人填写。工作票、故障紧急抢修单采用手工方式填写时,应用黑色或蓝色签字笔或圆珠笔填写和签发,至少一式两份。工作票票面上的时间、工作地点、线路名称、设备双重名称(即设备名称和编号)、动词等关键字不得涂改。若有个别错、漏字需要修改、补充时,应使用规范的符号,字迹应清楚。用计算机生成或打印的工作票应使用统一的票面格式。工作票应由工作票签发人审核,手工或电子签发后方可执行。工作票由设备运维管理单位签发,也可由经设备运维管理单位审核合格且经批准的检修(施工)单位签发。检修(施工)单位的工作票签发人、工作负责人名单应事先送设备运维管理单位、调度控制中心备案。一张工作票中,工作票签发人、工作许可人和工作负责人三者不得为同一人。工作许可人中只有现场工作许可人(作为工作班成员之一,进行该工作任务所需现场操作及做安全措施者)可与工作负责人相互兼任。若相互兼任,应具备相应的资质,并履行相应的安全责任。对同一电压等级、同类型、相同安全措施且依次进行的数条配电线路上的带电作业,可使用一张配电带电作业工作票。变更工作负责人或增加工作任务,若工作票签发人和工作许可人无法当面办理,应通过电话联系,并在工作票登记簿和工作票上注明。已终结的工作票(含工作任务单)、故障紧急抢修单、现场勘察记录至少应保存1年。带电作业工作票不得延期。

3. 工作许可制度

值班调控人员、运维人员在向工作负责人发出许可工作的命令前,应记录工作班组名称、工作负责人姓名、工作地点和工作任务。带电作业需要停用重合闸(含已处于停用状态的重合闸),应向调控人员申请并履行工作许可手续。

4.工作监护制度

工作许可后,工作负责人、专责监护人应向工作班成员交待工作内容、人员分工、带电部位和现场安全措施,告知危险点,并履行签名确认手续,方可下达开始工作的命令。工作负责人、专责监护人应始终在工作现场。

工作票签发人、工作负责人对有触电危险、检修(施工)复杂且容易发生事故的工作,应增设专责监护人,并确定其监护的人员和工作范围。专责监护人不得兼做其他工作。专责监护人临时离开时,应通知被监护人员停止工作或离开工作现场,待专责监护人回来后方可恢复工作。专责监护人需长时间离开工作现场时,应由工作负责人变更专责监护人,履行变更手续,并告知全体被监护人员。

工作期间,工作负责人若需暂时离开工作现场,应指定能胜任的人员临时代替,离开前应将工作现场交待清楚,并告知全体工作班成员。原工作负责人返回工作现场时,也应履行同样的交接手续。工作负责人若需长时间离开工作现场时,应由原工作票签发人变更工作负责人,履行变更手续,并告知全体工作班成员及所有工作许可人。原、现工作负责人应履行必要的交接手续,并在工作票上签名确认。工作班成员的变更应经工作负责人的同意,并在工作票上做好变更记录;中途新加入的工作班成员,应由工作负责人、专责监护人对其进行安全交底并履行确认手续。

5.工作间断、转移制度

工作中,遇雷、雨、大风等情况威胁到工作人员的安全时,工作负责人或专责监护人应下令停止工作。工作间断,若工作班离开工作地点,应采取措施或派人看守,不让人、畜接近挖好的基坑或未竖立稳固的杆塔以及负载的起重和牵引机械装置等。

工作间断,工作班离开工作地点,若接地线保留不变,恢复工作前应检查确认接地线完好;若接地线拆除,恢复工作前应重新验电、装设接地线。

6. 工作终结制度

工作完工后应清扫整理现场。工作负责人（包括小组负责人）应检查工作地段的状况，确认工作的配电设备和配电线路的杆塔、导线、绝缘子及其他辅助设备上没有遗留个人保安线和其他工具、材料，查明全部工作人员确由线路、设备上撤离后，再命令拆除由工作班自行装设的接地线等安全措施。接地线拆除后，任何人不得再登杆工作或在设备上工作。

（三）技术措施

高压配电线路不得进行等电位作业。

带电作业过程中，若线路突然停电，作业人员应视同线路仍然带电。

工作负责人应尽快与调度控制中心或设备运维管理单位联系，值班调控人员或运维人员未与工作负责人取得联系前不得强送电。

在带电作业过程中，工作负责人发现或获知相关设备发生故障，应立即停止工作，撤离人员，并立即与值班调控人员或运维人员取得联系。

值班调控人员或运维人员发现相关设备故障，应立即通知工作负责人。带电作业期间，与作业线路有联系的馈线需倒闸操作的，应征得工作负责人的同意，并待带电作业人员撤离带电部位后方可进行。

带电作业有下列情况之一者应停用重合闸，并不得强送电。

（1）中性点有效接地的系统中有可能引起单相接地的作业。

（2）中性点非有效接地的系统中有可能引起相间短路的作业。

（3）工作票签发人或工作负责人认为需要停用重合闸的作业。

禁止约时停用或恢复重合闸。

带电作业应穿戴绝缘防护用具（绝缘服或绝缘披肩、绝缘袖套、绝缘手套、绝缘鞋、绝缘安全帽等）。带电断、接引线作业应戴护目镜，使用的安全带应有良好的绝缘性能。

带电作业过程中禁止摘下绝缘防护用具。

对作业中可能触及的其他带电体及无法满足安全距离的接地体（导线支承件、金属紧固件、横担、拉线等）应采取绝缘遮蔽措施。

作业区域带电体、绝缘子等应采取相间、相对地的绝缘隔离（遮蔽）措施。禁止同时接触两个非连通的带电体或同时接触带电体与接地体。

带电作业时不得使用非绝缘绳索（如棉纱绳、白棕绳、钢丝绳等）。

更换绝缘子、移动或开断导线的作业应有防止导线脱落的后备保护措施。开断导线时不得两相及以上同时进行，开断后应及时对开断的导线端部采取绝缘包裹等遮蔽措施。

在跨越处下方或邻近有电线路或其他弱电线路的档内进行带电架、拆线的工作应制定可靠的安全技术措施，经本单位批准后，方可进行。

斗上双人带电作业，禁止同时在不同相或不同电位作业。禁止地电位作业人员直接向进入电场的作业人员传递非绝缘物件。上、下传递工具、材料均应使用绝缘绳绑扎，严禁抛掷。

作业人员进行换相工作转移前应得到监护人的同意。带电、停电配合作业的项目，当带电、停电作业工序转换时，双方工作负责人应进行安全技术交接，确认无误后，方可开始工作。

（四）带电作业工器具的保管、使用和试验

带电作业工具存放应符合 DL/T 974—2005《带电作业用工具库房》的要求。

带电作业工具应绝缘良好、连接牢固、转动灵活，并按厂家使用说明书和现场操作规程正确使用。

带电作业工具使用前应根据工作负荷校核机械强度，并满足规定的安全系数。

运输过程中,带电绝缘工具应装在专用工具袋、工具箱或专用工具车内,以防受潮和损伤。发现绝缘工具受潮或表面损伤、脏污时应及时处理并经试验或检测合格后方可使用。

进入作业现场应将使用的带电作业工具放置在防潮的帆布或绝缘垫上,以防脏污和受潮。

禁止使用有损坏、受潮、变形或失灵的带电作业装备、工具。操作绝缘工具时应戴清洁、干燥的手套。

带电作业工器具试验应符合 DL/T 976《带电作业工具、装置和设备预防性试验规程》的要求。

带电作业遮蔽和防护用具试验应符合 GB/T 18857《配电线路带作业技术导则》的要求。

第二节　配网不停电作业风险分析

根据在配网不停电作业中危险因素的可能性,对配网不停电作业存在的相关风险进行了分类。

一、作业环境因素

（1）工作地点位于市区,环境嘈杂,各种噪音等因素都会影响作业者与监护人之间上、下通信的可靠性。

（2）配电线路设备事故多,操作频繁,线路出现异常情况多,容易出现操作过电压。

（3）配电线路各相间距离及对地距离较小,设备密集;线路复杂,多回路及高低压共杆架设。

（4）配电线路设备锈蚀严重。

（5）作业过程中遇到天气突变,会对作业安全造成极大的危害。

（6）作业时需要穿戴全套绝缘防护用具,对作业人员体能要求很高,高温天气下作业极易造成作业人员不适而产生中暑脱水等现象。

二、绝缘工器具和绝缘防护用具因素

（1）绝缘工器具和绝缘防护用具保管不当。目前电力行业对配网不停电作业中使用到的各种绝缘工器具及绝缘防护用具的保管存放都有明确的规定,在实际的操作过程中如果出现保管不当,就会对作业现场造成极大的安全隐患。

（2）绝缘工器具和绝缘防护用具使用不当。在带电作业现场,作业人员如果在作业前未对用到的工器具进行绝缘检查,或者在作业中未按照要求正确使用工器具,也极易造成工器具损伤,从而导致安全事故的发生。

（3）绝缘工器具和绝缘防护用具没有按时试验或试验不充分。电力行业对配网不停电作业所使用的绝缘工器具的周期性的检查和试验都有着明确的规定。由于配网不停电作业工作量大,工器具损耗速度快,如果不按时进行试验或者试验不充分,就不能及时发现工器具的缺陷,从而造成作业现场的安全隐患。

三、作业人员的因素

（1）作业能力低于项目要求。带电作业人员的专业素养、理论知识以及技能水平等方面的高低在一定程度上会影响带电作业的安全性。配网不停电作业按项目难易程度分为4类33项,不同项目对作业人员的技能水平要求不同,若作业人员技能水平低于作业项目要求,就会造成较大的作业风险。

（2）操作步骤不规范。带电作业是一个高危行业,带电作业人员不但要熟练操作技能,而且要严格遵守操作的步骤和工作方式。同时,带电作业必须按照提前编制的操作规范和操作流程来开展作业,如果操作人员对规范和流程不熟悉,作业中带有很大的随意性,那势必会造成严重的安全隐患甚至是安全事故的发生。

（3）精神状态不佳。配网不停电作业对体能要求比较高，由于目前工作量的不断攀升，若长时间持续作业，就会造成作业人员疲劳，技术动作不到位，从而造成危险的发生。

（4）自我保护意识淡薄。很多带电作业人员的自我保护意识淡薄，在作业过程中，没有采取正确的操作方式，遮蔽方法不正确，未按要求穿戴绝缘防护用具，或在作业中摘下绝缘防护用具，都是造成事故的重要原因。

四、制度因素

目前现行 2014 年《国家电网公司电力安全工作规程（配电部分）》对保证带电作业安全的技术措施和安全措施都有了明确的规定，作业风险的源头控制和规程管控都有了比较完善的制度和措施，但是对事故发生后的应急处置方案没有可操作的规定，对人员没有进行应急处置方面的专业培训，这也是导致事故现场作业人员"不会救、不敢救、等着救"的重要原因。

第三节　配网不停电作业紧急避险技术分析

整个电力行业为使配网不停电作业工作安全开展而建立了科学的保障体系，但是由于实际操作过程中的违章行为及不可控因素，仍然会有事故发生。通过对国家电网公司配网不停电作业典型违章及人身伤亡事故案例的主要技术原因进行分析，发现触电和高处坠落是电力企业人员死亡事故的主要类型。为保障作业安全，诸如 Q-GDW1799.2-2013《国家电网公司电力安全工作规程（线路部分）》、DL/T 966—2005《送电线路带电作业技术导则》《国家电网公司安全生产典型违章 100 条》、GB/T 18857—2008《配电线路带电作业技术导则》和 Q/GDW 520—2010《10kV 架空配电线路带电作业管理规范》等多项管理规定相继出台，从源头控制和过程管控两方面来保障作业的安全。但针对作业现场突发事件的应对措施还没有规范的处置流程及相关管理规定。

配网不停电作业存在电气结构复杂、作业环境复杂、作业难度大等特点，导致影响带电作业人员人身安全的因素错综复杂。配电作业现场出现事故后，通常会伴随着高空救援、外伤处置、心肺复苏等需求；而一线作业人员由于突发事件处置技能的空白，大多数人员面对突发情况都有"不会救、不敢救、等着救"的想法，从而错过最佳的救援时间。以下选取 5 起配电运维作业现场突发事件导致人员伤亡的事故进行分析，其中有 3 起事故涉及高空救援、2 起事故涉及外伤处置、3 起事故涉及心肺复苏、2 起事故涉及出血急救、2 起事故涉及伤员搬运。因此，配电作业现场事故对作业人员的现场紧急处置能力要求高。

一、事故 1

2014 年 10 月 13 日，×× 培训基地对新员工进行配电专业基本技能登杆实训，1 名新员工在向上攀登低压线杆时，一只脚扣意外脱落，没有及时抱住杆体，另一只脚扣松脱，身体下坠过程中背部的安全防坠器制动，安全带相对身体突然上提，导致该名作业人员悬挂于高空，无法安全落地。现场没能及时进行处置，导致该员工长时间处于身体悬空状态，安全带胸部横带长时间勒紧胸部，造成该名作业人员窒息，经医院急救无效死亡。

所需救援技术：杆上受困人员紧急救援技术、心肺复苏技术。

二、事故 2

2005 年 9 月 11 日，大风 7 级，10 kV×× 线现场作业人员进行 15m 钢筋混凝土电杆的组立，当天工作负责人王 ×× 在对班组成员宣读工作票进行安全技术交底后，电杆开始起吊，当电杆起吊至地面 2m 时，起吊电杆用的钢丝绳断裂，砸中站在电杆旁的工作班成员吴 ××，因外力撞击造成其左脚骨折。

所需救援技术：外伤处置技术、出血急救、伤员搬运技术。

三、事故3

2010年10月14日9时40分，工作负责人李××带领带电作业人员樊××、刘××、陈××和赵××进行10 kV平瞳线34支线10号杆带电消缺工作（中相立铁螺栓安装、紧固；更换中相绝缘子）。到达现场后，工作负责人针对现场工作环境和设备缺陷状况拟定了施工方案和作业步骤，随即填写了电力线路事故应急抢修单后工作开始。陈××、樊××穿戴好安全防护用具进入绝缘斗内，由陈××用绝缘杆将倾斜的中相导线推开，樊××对中相导线放电线夹做绝缘防护后，陈××继续用绝缘杆推动导线，将中相立铁推至抱箍凸槽正面，樊××安装、紧固立铁上侧螺母。10时20分，樊××在安装中相立铁上侧螺母时，因螺栓在抱箍凸槽内，带绝缘手套无法顶出螺栓，便擅自摘下双手绝缘手套作业，左手拿着螺母靠近中相立铁，举起右手时，与遮蔽不严的放电线夹放电，造成触电，跌落于斗内，经抢救无效死亡。

所需救援技术：绝缘斗臂车高空救援技术、心肺复苏技术。

四、事故4

2004年7月21日，某供电所王××、袁××为一用户改线并装电能表。两人未办理工作票即赶到现场，王××负责拆旧和送电，袁××负责安装电能表，两人分头开始工作。王××（身穿短袖上衣和七分裤，脚穿拖鞋）站在铁管焊制的梯子约1.8m处拆旧和接线，在用带绝缘手柄的钳子剥开相线（火线）的线皮时，左手不慎碰到带电的导线上，触电后扑在梯子上，经抢救无效死亡。

所需救援技术：高空救援技术、心肺复苏技术。

五、事故 5

2014 年 6 月 9 日中午 12 时,某供电公司工作负责人张 ××(该所营配班班长,此次工作负责人)带领工作班成员李 ××、孙 ×× 等 4 人更换 10 kV 线路 ×× 支线 24~25 号杆间导线(故障抢修)。12 时 20 分,工作负责人张 ×× 在未办理事故抢修工作票的情况下,安排李 ××、孙 ×× 二人攀登 24 号和 25 号杆进行原导线的拆除工作,安排另外 2 人负责地面工作。工作票签发人王 ××、工作负责人张 ×× 未提前进行现场勘察,未采取防止倒杆的防范措施,就同意李 ×× 和孙 ×× 上杆作业。12 时 25 分,李 ×× 先使用安全带围杆带和脚扣攀登至 25 号杆顶部进行杆上导线拆除,在杆上李 ×× 未系紧安全帽的下颚带。此时孙 ×× 开始攀登此支线 25 号杆,在孙 ×× 攀登过程中,该电杆向拉线侧倾倒,李 ××、孙 ×× 随电杆一同倒下。李 ×× 脑部先着地,且安全帽已脱离头部,孙 ×× 大腿根部骨折。

所需救援技术:外伤处置、出血急救、伤员搬运技术。

第二章 配网不停电作业紧急避险基本原则

本章主要阐述配网不停电作业等急避险的基本原则。在此之前,首先要明确相关工作的基本告知内容及方案通用研究。

(1)告知。

①必须在对本方案涉及的救援技术和装备性能、操作使用有足够了解的前提下,方可使用该技术方案;

②本技术方案是为特定的场景而制定,在实际救援中需根据现场环境进行风险评估后确定具体救援方案;

③掌握本技术方案需要进行针对性学习培训,并在专业机构进行训练。

(2)本方案通用环境。

①作业人员进行高空作业时,意外发生坠落后被困于杆塔(绝缘斗臂车斗内)上,较难或无法自行脱困。

②作业人员高空作业时因中暑、外伤等原因无法自行移动至安全区域。

③施救地点高空作业车无法抵达或被困高度无法够及。

第一节 现场紧急救护的基本原则

现场急救总的任务是采取及时有效的急救措施和技术,最大限度地减少伤病员的疾苦,降低致残率,减少死亡率,为医院抢救打好基础。经过现场急救能存活的伤病员优先抢救。这是总的原则。同时,还必须遵守以下 6 条原则:

（1）先复后固的原则。遇有心跳、呼吸骤停又有骨折者,应首先用口对口呼吸和胸外按压等技术使心肺、脑复苏,直到心跳、呼吸恢复后,再进行骨折处理。

（2）先止后包的原则。遇到大出血又有创口者,首先立即用指压,止血带或药物等方法止血,接着再消毒创口进行包扎。

（3）先重后轻的原则。遇到垂危的和较轻的伤病员时,就优先抢救危重者,后抢救较轻的伤病员。

（4）先救后送的原则。过去遇到伤病员,多数是先送后救,这样常耽误了抢救时机,致使不应死亡者丧失了性命。现在应把它颠倒过来,先救后送。在送伤病员到医院途中,不要停止抢救,继续观察病伤变化,少颠簸,注意保暖,平安到达目的地。

（5）急救与呼救并重的原则。在遇到成批伤病员时,又有多人在现场的情况下,应较快地争取急救外援。

（6）搬运与医护的一致原则。过去在搬运危重伤病员时,搬运与医护、监护工作从思想和行动上存在分家现象。搬运是由交通部门负责,途中医护是卫生部门来协助,好似只有协助之责,现在应加强协调合作。

第二节　触电事故处置基本原则

发生触电事故后,应首先设法使触电者迅速脱离电源,触电时间越短,对人体造成的伤害越小,使其迅速脱离带电体是救活触电者的首要因素。使触电者脱离带电体的基本原则是动作迅速、方法正确。

一、低压触电事故处理方法

（1）立即拉开附近有关的电源开关或拔出插销,断开电源。

（2）附近没有有关的电源开关和插销时,如附近有带有绝缘柄的电工钳或带有干燥木柄的斧头,可用于切断电线,也可用绝缘的物品使触电者与带电体脱离。

（3）救护时不能直接用手拉扯触电者的皮肤和鞋。

二、高压触电事故处理方法

（1）立即通知有关部门停电。

（2）带上绝缘手套，穿上绝缘鞋，用相应的电压等级的绝缘工具按顺序拉开开关。

（3）抛掷裸金属线使线路短路接地，促使保护装置动作，以切断电源。

（4）要防止触电者脱离电源后摔伤，特别是在高处作业时，应考虑好防摔措施。

第三节　特殊作业区域人员被困处置基本原则

（1）发生触电、突发疾病且受困人员失去自救能力时，应首先对其有无意识、是否有行动能力进行判断，确定受困人员情况及周围环境安全，从而选取正确的处置方法。

（2）受困人员解救完成并转移至安全区域后，等待支援期间，现场作业小组人员应根据环境为被困人员提供救生毯、冰块、食品、淡盐水等生命保障物资及必要的心理干预。

（3）本书中所涉及的垂直向上自救、向下疏散救援方案均可在配电线路杆塔和带点作业车绝缘斗内适用，只需根据保护站搭建原则选择适当锚点。在杆塔上垂直向下救援时应注意保护被困人员避免碰撞杆塔塔材造成的伤害，必要时可由地面协救人员做牵引。

第三章　急救现场处置技术

第一节　急救基本知识

急救就是在救护车、医生或其他专业人员到达之前,给伤者或突发疾病者施行及时帮助和治疗的一种治疗救护措施。

在配网不停电作业中,意外情况常常让人防不胜防:割伤导致出血,扭伤或骨折,突然晕厥,中暑、高空跌落、触电等特殊事故导致重伤。这些情况都需要急救,及时地实施急救会帮助伤者缓解疼痛,防止更严重的情况发生,避免后遗症,甚至挽救一条生命。

要有效地对伤病者实施急救,必须掌握科学的急救知识和方法,可以参与专门的急救培训,也可以通过阅读书籍来学习。另外,非常重要的一点是急救人员要在突发事件面前能沉着、冷静,反应迅速。

一、急救的目的和现场处置

(一)急救目的

(1)确保生命安全。

(2)控制伤病情况的变化。

(3)促进康复。

（二）急救现场处置

急救虽然是一项建立在专业知识、训练和经验基础之上的技能，但按照本书的指导去做，大多数人也能掌握其中的方法。尤其是在一些紧急情况下，没有专业急救人员在场时，利用以下的知识，可以及时地为伤者提供必要的帮助。

现场处置人员的责任如下：

（1）迅速稳妥地判断整个情况，及时寻求专业帮助。

（2）保护伤者和其他在场者，尽可能消除潜在的危险。

（3）尽自己所能判断伤者的伤情和病情。

（4）尽早对伤者进行适当治疗，从最严重的伤者开始。

（5）安排伤者去医院或回家。

（6）陪伴伤者直到专业医疗人员到来，向专业医疗人员介绍情况，如果需要应提供进一步帮助。

（7）尽可能防止与伤者交叉感染。

二、急救工具

急救工具可以从药店购买，当然，制作也非常简单。急救工具必须放在合适的塑料容器里，如一个大且质量好的、盖子结实的箱子，便于在施工时携带。以下列出一些需要常备的急救工具：

（1）用来包扎伤口的、密封的、消毒的片状敷料。大小各两个。

（2）1包消毒的、密封的大创可贴。

（3）1包不同尺寸的、消毒的、密封的创可贴。

（4）2包密封的包扎伤口的纱布，每包10块，每块面积$10cm^2$。

（5）1卷宽2.5cm的弹性绷带或人造纤维黏性带。

（6）1卷用来包扎水疱或大片擦伤的消毒的、涂有石蜡的纱布。

（7）3个固定骨折和扭伤伤口的三角糊带。

（8）4个大的、未缝合的薄纱绷带。

（9）2包清洗伤口用的消毒药棉。

（10）2 卷清理伤口或制作棉垫用的一般棉织品。

（11）1 瓶止痛用的扑热息痛药片。

（12）1 支温度计。

（13）1 只清理异物用的平角无锯齿的镊子。

（14）1 把剪绷带或膏药用的剪刀。

（15）各种大小不等的安全别针。

（16）1 瓶清理伤口用的消毒剂。

（17）1 支用来涂昆虫叮咬,荨麻疹等伤口的氢化可的松乳膏。

三、急救药箱

生产现场和经常有人工作的现场应配备急救箱,存放急救用品,并指定专人经常检查、补充或更换。如果药品长时间未使用或近期不会使用,要妥善保存。常见伤病与对应的治疗药物见表3-1。

表 3-1 常见伤病与对应的治疗药物

伤害	治疗药物
被昆虫叮咬	氢化可的松乳膏
冻伤	减充血滴鼻剂,抗组胺剂药片
割伤和擦伤	抗菌膏或抗菌溶液
发热	降体温药物:阿司匹林,扑热息痛
咽喉痛	咽喉止咳糖和抗菌漱口药
太阳晒伤和疹子	咽喉止咳糖和抗菌漱口药,氢化可的松乳膏
清洗伤口	抗菌溶液

（一）药箱里的必备物品

（1）紧急电话:医生的、医院的和当地药店的电话。

（2）急救工具。

（3）处方药与非处方药。

（二）药物使用指南

非处方药是直接从药店购买的,使用前要仔细阅读使用说明。
处方药可以直接向医生或药剂师咨询使用方法:

（1）它们是否可以和酒精一起使用。

（2）它们是否会引起瞌睡。

（3）服用此药物后能否继续驾驶或操作机器。

（4）它们是否可以和避孕药一起服用。

（5）还有哪些药不能与该药品同时服用。

同时,必须确定:

（1）什么时候服用,每天服用几次。

（2）能否空腹服用,饭后多久服用。

常用药品如下:

（1）止痛剂。止痛药物,如阿司匹林、扑热息痛和纽诺芬。

（2）抗生素。这类药物有杀菌作用,可以内服也可以涂抹在
伤口上。过量服用抗生素会引起过敏反应或产生抗生素免疫细菌。

（3）抗惊厥药。这种药可以治疗癫痫症。

（4）镇静剂。这种药可以安抚情绪,一般用于情绪低落的病人。

（5）抗糖尿病药。这种药可以刺激人体产生胰岛素或代替
人体的胰岛素。

（6）抗腹泻药。这种药可以治疗腹泻。它们可以减慢肠道
运动速度或使大便干燥。

（7）抗呕吐药。这种药是用来治疗恶心和呕吐症状的。

（8）抗组胺剂。这种药可以减少伤口肿胀,可以内服,治疗
过敏、哮喘、昆虫叮咬、风疹等,也可以用来治疗旅行病。抗组胺
剂可能导致瞌睡,如果与酒精同时服用会带来更大危险。

（9）镇痉药。这种药可以防止肌肉痉挛,放松肠道和肺部的
肌肉,用来治疗各种痉挛。

（10）巴比妥酸盐。这种药有止痛和镇静的作用,它可以使
大脑活动减慢。经常使用巴比妥酸盐会对其产生依赖,所以要

避免滥用。

（11）苯二氮。参见下面的安定药。

（12）皮质类固醇。这种药是用来减少体内或体外发炎症状的,通常包含在滴鼻剂,滴鼻喷雾(治疗哮喘),氢化可的松乳膏,注射和口服液里。大量服用皮质类固醇会导致骨头缺钙,体重增加,皮肤出现斑点等症状。

（13）心脏血压药。洋地黄是用来治疗心脏衰竭、心律不齐和心跳加速等病的。治疗血压的药包括利尿剂。

（14）轻泻药。这种药是有助于大便通畅的。它能增加大便的体积,使大便软化和润滑,刺激肠道功能。

（15）安定药。这种药是用来治疗焦虑和沮丧症状的,包括苯二氮类药(如安定),如果服用安定药超过 1 个月,身体就会对其产生依赖,服用此药时不能饮酒。

四、生命迹象

生命迹象是指伤者还有呼吸和脉搏。在紧急情况中,首先要检查的就是伤者是否有生命迹象,这包括:伤者呼吸道是否顺畅,是否能够正常呼吸;伤者血液循环是否正常。

（一）呼吸顺畅

1. 提供氧气的重要性

对于急救人员来说,最紧急和最重要的事情就是确保伤者呼吸顺畅或通过人工呼吸为伤者提供足够的氧气。在紧急情况下,没有比这更重要的了,因为人的大脑需要足够的氧气。在常温下,如果一个人无法吸入足够的氧气,那么在几分钟内就可能造成严重的大脑损伤甚至死亡。出现这种情况往往是因为伤者呼吸停止或呼吸通道阻塞造成的。因此,急救人员的首要任务就是要检查伤者是否还有呼吸。

2.检查伤者呼吸状况

可以使用多种方法来进行检测：

（1）观察伤者胸部、腹部，确定它们是静止的还是在做有规律的起伏运动。

（2）靠近伤者的嘴和鼻子，仔细听伤者是否有呼吸的声音。

（3）用脸去感觉伤者是否有呼吸。

如果伤者呼吸正常，那么你就可以放心地去检查伤者的伤口了。如果伤者已经失去意识，并且在伤势不严重的情况下，可以让伤者处于最有利于恢复呼吸的状态，以确保伤者能够继续正常呼吸。

（二）伤者已经没有呼吸

这就意味着伤者吸入氧气的活动已经停止，你必须为他提供氧气。如果伤者胸部和腹部仍在运动，而口鼻已经没有空气进出，那么可能是呼吸道梗阻，你必须为他清理呼吸道；紧接着要立即为伤者提供氧气；同时请求支援，确保已经叫了救护车。

如果伤者仍然没有呼吸，肯定是呼吸道内部阻塞，此时进行如下处理。

1.打开呼吸道

（1）可能由于伤者头部所处的位置不当而导致呼吸道梗阻，如图3-1（a）所示。

（2）调整伤者的头部姿势，可以用一只手压住伤者的前额，另一只手的两个指尖抬起伤者的下巴，这样一来就能够防止舌头梗阻呼吸道了，如图3-1（b）所示。

（a）　　　　　　　　　　（b）

图3-1　打开呼吸道

2. 清除呼吸道异物

（1）将伤者的头转向一边，使其下巴向前，头顶向后仰，如图3-2所示。

（2）清理呼吸道，将两个手指弯曲成钩状清除口腔内舌头以上部位，将所有异物清除出来。

（3）再检查伤者呼吸。

（4）检查脉搏。

图3-2　打开呼吸道

如果伤者仍然没有呼吸，立即进行人工呼吸。如果伤者仍然没有呼吸和脉搏，立即开始人工呼吸并按压伤者的胸部。

3. 循环系统

伤者的脉搏可以反映其循环系统的状况。脉搏是由心室收缩时血液泵入主动脉而产生的。脉搏的频率和稳定性不一，变化范围很大，时而缓慢、强劲有力，时而快速、微弱。快速、微弱的脉搏是休克的症状，但是这种症状很难被急救人员感觉到，尤其是在紧急情况下，急救人员自己的心跳都会加快，因此他的脉搏强度可能比伤者的脉搏强度大很多。

所以，要在正常部位检查伤者的脉搏，通常选择在手腕偏向大拇指的一侧，在距离手腕与手掌的边缘1.5cm处，如图3-3（a）所示。不过以上方法得出的结果不一定完全准确，所以你应该感觉一下伤者的颈动脉来检查脉搏。颈动脉是流经喉部两侧的大动脉。

4.检查脉搏

（1）如果有必要的话做个深呼吸使自己镇静下来。

（2）用两个手指的指肚放在伤者的喉上，不要施压。

（3）手指肚沿着伤者喉头的一侧向后慢慢地滑动，感觉脉搏的跳动，如图3-3（b）所示。

（4）如果没有立刻感觉到脉搏，将手指在伤者喉头周围移动，直到感觉到脉搏为止。

（a）

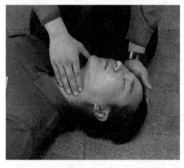

（b）

图3-3　检查脉搏

五、急救前的初步检查

在对伤员进行诊断时，要充分地运用自己的感官。问、看、听、闻、思考和行动。

在紧急情况下，要先确定以下几点：

（1）伤者的呼吸道畅通，伤者有呼吸能力。

（2）伤者有脉搏，没有动脉流血现象。

（3）颈部受伤的人员没有被移动。

如果伤者还有知觉,对气管和呼吸道的检查就不是必须进行的了,这时检查可以从和伤者的谈话开始。要求他们描述一下自己的症状,并让他们自述自己认为哪儿有问题。

（一）呼吸道

当伤者仰面朝天躺着、毫无知觉时,他的呼吸道可能被异物（如呕吐物或假牙）所堵塞,或者是由于失去知觉时其头部的位置不适而导致的舌根下坠引起呼吸道堵塞。在检查时,可将自己的耳朵紧贴他的嘴,并看着他的胸部,如果听不到任何声音也感受不到他的胸部起伏,就必须采取行动以保证他的呼吸道畅通。

伤者失去知觉时,可能是因为舌根下坠引起了呼吸道梗阻,此时进行如下处理（见图 3-4）:

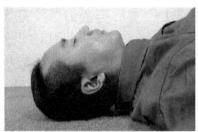
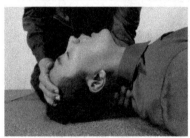
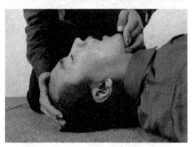

图 3-4　呼吸道梗阻处理

（1）向下按住伤者的前额，同时轻轻抬起伤者的颈部。

（2）一只手放在伤者的前额，另一只手轻轻地向上推其下巴，这可以让舌头移动。此时再听一下伤者的呼吸。

（3）如果伤者仍然没有呼吸的迹象，将其头部转向一侧，用两根手指擦去伤者口腔内的残留物。一定要小心，注意不要将任何东西更深地推进他的喉咙。

（4）将伤者的头部转回正常位置，然后再听一下呼吸。

（二）呼吸

如果伤者开始恢复呼吸，马上将他们按恢复姿势放置。如果伤者呼吸沉重或者有杂音，再次检查其口腔内是否有残留的阻塞物。

如果在完成了以上检查后伤者仍然没有任何呼吸的迹象，问题就可能出在伤者的循环系统，即心脏已经停止向全身输送血液。那么，就像"心肺复苏术"部分解释的那样，你首先必须让伤者呼吸（不管是否有脉搏）。

（三）循环系统

检查伤者的脉搏可以判定伤者的心脏是否还在跳动。这可以通过以下任何一种方法进行检查：

（1）用指尖沿着伤者喉结的一侧向后颈部轻轻滑动，直到能感觉到一条软软的凹槽，轻轻地按住此点，如图 3-5（a）所示。

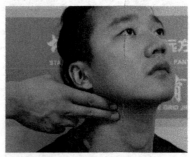

（a）用指尖沿伤者喉结的一侧向后颈部轻轻滑动

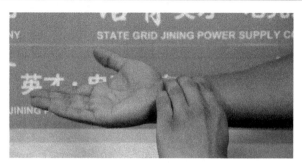

（b）把指尖轻轻放在伤者腕关节后 1cm 处

图 3-5 脉搏检查

（2）把指尖轻轻地放在伤者大拇指一侧的手腕前部距腕关节大约 1cm 处；如图 3-5（b）所示。

如果伤者有脉搏，就将其按恢复姿势放置；如果感觉不到有脉搏，那就需要急救。

六、急救措施

（一）人工呼吸

对伤者进行人工呼吸的主要目的是及时给伤者提供氧气。因为你呼出的气体中仍含有足够的氧气，可供另外一个人使用。这样的"二手氧气"甚至能挽救生命。对伤者进行人工呼吸必须及时，并且确保你呼出的气体能够到达准确的位置——深入到伤者的肺部。

伤者在接受人工呼吸时，最基本的反应是他的肺会鼓起来。如果在你呼气时看不到伤者的胸部鼓起，吸气时瘪下去，那么你做的人工呼吸就没有成功；你应该按照治疗窒息的程序对伤者进行急救。

在实施此项急救措施时应该小心。如果把呼吸道的阻塞物吹进了伤者的肺部深处，就会导致伤者死亡。

1．实施人工呼吸

（1）检查伤者脉搏。

（2）如果伤者已经没有心跳了，立刻进行胸部按压。

（3）如果伤者还有脉搏，立刻清理伤者口腔里的异物。

（4）用一只手抬起伤者的下巴，同时使其头部向后仰。

（5）捏紧伤者的鼻子，如图图3-6（a）所示。

（6）深吸一口气，张大嘴并用嘴封严伤者的嘴。

（7）用力向伤者嘴里吹气，同时观察伤者的胸部是否鼓起，如图3-2（b）所示。

（8）一旦伤者胸部鼓起．继续注视伤者的胸部，看它是否会再瘪下去，如图3-6（c）所示；完成呼气，然后用同样的方法快速对伤者进行4次呼气。

（9）再检查伤者的脉搏。（10）重复步骤（5）～（9），直到伤者恢复呼吸。

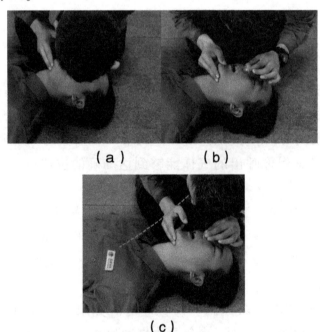

（a）　　　　（b）

（c）

图3-6　人工呼吸

　　另一种不同于嘴对嘴的人工呼吸是嘴对鼻的人工呼吸。将伤者的嘴封紧然后往其鼻子内吹气,此时,也要封紧伤者鼻子四周,确保空气被有效地吹进鼻腔。

　　2.检查

　　如果伤者的胸部没有鼓起,请做如下检查:

　　(1)伤者的鼻子是否已经适时捏紧。

　　(2)伤者的嘴和鼻子周围是否封紧。

　　(3)你吹气的时候是否足够用力。

　　如果你完成这些步骤之后,伤者仍未恢复呼吸,肯定是伤者的呼吸道被异物梗阻了。

　　(二)胸部按压

　　这一急救措施是在伤者没有脉搏的情况下实施的。胸部按压以前被称为"心脏外部按摩",其实这种说法并不准确。从胸部并不能对心脏进行按摩,只能够按压。

　　心脏占据了胸腔的大部分空间,而胸腔又处于胸部前面的胸骨和后部的脊柱及其周围的肌肉之间。由于胸腔前部通常是活动的,所以可以将胸骨和肋骨向后轻轻地按压。朝着脊柱方向垂直按压可以将心脏中的血液压至身体组织器官中。由于心脏有瓣膜这一机制能确保血液沿着一个方向流动,因而对心脏施加的压力可以使血液顺着循环系统流动,这与心脏自发跳动时的血液流动完全一致。

　　虽然胸部按压做起来困难,但是这种方式是让伤者血液循环恢复正常的最好方法。这时,只要有空气输入伤者肺部,那么伤者就很有可能立刻恢复健康的脸色,放大的瞳孔也会再次恢复正常,其他一些显示伤者复原的迹象也将随之出现。紧接着伤者就能够恢复心跳和呼吸。胸部按压必须配合人工呼吸才能奏效。因为该措施的目的就是恢复伤者的有氧血液循环,所以你必须为其提供氧气。

该急救措施只能够由经过训练的急救人员来操作。只有在伤者的心跳完全停止的情况下，才能对其进行胸部按压。否则，原本微弱的心跳也会因此而停止。

如果现场只有一个曾经接受过急救培训的急救人员，可以采取以下急救措施对伤者实施急救。

（1）使伤者平躺，急救人员双膝跪在伤者身旁。

（2）找到伤者胸腔底部的肋骨，将一只手掌放到伤者胸骨上，离肋骨边缘大约两根手指宽的距离，如图3-7（a）所示。

（3）另一只手压在这只手上，手指向上铺起。身体向前倾，使肩膀处于伤者胸部上方，手臂伸直，如图3-7（b）所示。

（4）垂直向下按压，如图3-7（c）所示。如果伤者是成人，可以将他的胸壁向下压4～5厘米。像这样以稍快于每秒钟按压一次的频率按压15次，你可以一边按一边快速地数：1，2，3，……，15。

（5）嘴对嘴地向伤者输入两次氧气，确保将空气吹进伤者肺部。

（6）切记观察伤者胸部的起伏。

（7）重复步骤（4）～（5），直到伤者出现恢复迹象，或救援到达或你筋疲力尽为止。

（8）每3分钟检查一次伤者颈部的脉搏。

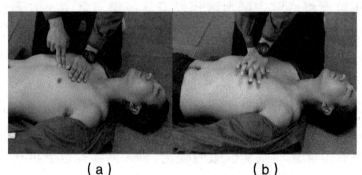

（a）　　　　　　　　　　（b）

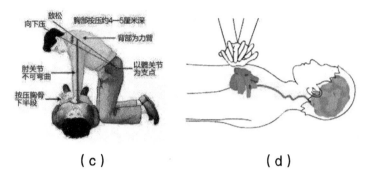

（c）　　　　　　　　（d）

图 3-7　胸部按压

伤者恢复的迹象如下：

（1）伤者的肤色由青色、灰白色或紫色转为健康红润的颜色。

（2）伤者恢复了脉搏。

（3）伤者开始呻吟或者身体开始有反应。

（4）伤者可以自己自由呼吸，不需要急救人员继续做人工呼吸。

将完全失去意识或处于半昏迷状态的伤者平放在地上是非常危险的，因为这时他的肌肉松弛，使得在正常情况下能保持呼吸道畅通的功能失效，所以这时应该使伤者处于有利于恢复呼吸的状态，避免因为一些不恰当的举措给昏迷中的伤者带来危险。

伤者可能遇到的危险如下：

（1）伤者舌头向后蜷曲梗阻了喉咙，导致他无法吸入空气。

（2）血块、呕吐物等物质进入呼吸道，因为伤者昏迷时张开的喉咙在接触到异物时无法像未受伤时那样自动关闭。

（3）如果这些异物被伤者吸入体内，会进一步梗阻呼吸道，导致更加严重或危险的情况。

日常生活中，人们常常由于不了解这些知识而造成了一些不必要的死亡。例如，让饮酒过量的人躺在地上导致其死亡等。

在伤者没有昏迷或伤者脊柱受伤等情况下，不要使用以上急救措施。但是，如果伤者的呼吸道梗阻了，必须立即清除他呼吸道内的异物。如果遇到有人昏迷躺在地上，首先要做的就是检查他的呼吸道是否畅通。不要扔下伤者，独自走开。具体步骤为：

（1）急救人员跪在伤者身体一侧。

（2）将伤者靠近你身体的那只手臂向上方弯曲,如图3-8(a)所示。

（3）将伤者的另一只手臂绕过其胸部,并把手掌放在他的脸颊上,如图3-8(b)所示。

（4）让伤者的那只手掌一直放在他的脸颊上。将伤者离你身体远的那条腿膝盖弯曲,如图3-8(c)所示。

（5）轻轻地拉他的膝盖,使他转向你的身体,如图3-8(d)所示。

（6）伤者面向你侧身躺下后,把他弯曲的那条腿保持在他身体右侧,如图3-8(e)所示。

（7）轻轻地将伤者的头向后推,确保其呼吸道通畅,并检查伤者的呼吸状况,如图3-8(f)所示。

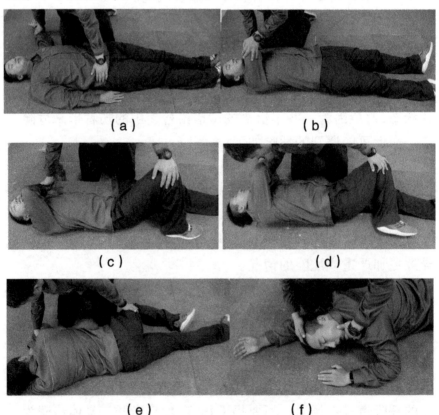

（a）　　　　　　　　　（b）

（c）　　　　　　　　　（d）

（e）　　　　　　　　　（f）

图3-8　呼吸检查

（三）止血

1. 失血症状及影响

成人的血液占其体重 8%。失血量达总血量 20% 以上，人会出现头晕、头昏、脉搏增快、血压下降、出冷汗、肤色苍白和尿量减少等症状。人失掉总血量的 40% 就有生命危险。人大出血时禁止饮水。

2. 出血类型

内出血主要从以下两方面判断：

（1）从吐血、便血、咯血或尿血，判断胃、肠、肺、肾或膀胱有无出血。

（2）根据有关症状判断，如出现面色苍白、出冷汗、四肢发冷、脉搏快而弱以及胸、腹部有肿胀、疼痛等，这些是重要脏器如肝、脾、胃等的出血体征。

外出血可分为 3 种：

（1）动脉出血：血液呈鲜红色，喷射状流出，失血量多，危害性大。

（2）静脉出血：血液呈暗红色，非喷射状流出，若不及时止血，时间长、出血量大，会危及生命。

（3）毛细血管出血：血液从受伤面向外渗出，呈水珠状。

3. 夜间出血判断

凡脉搏快而弱，呼吸浅促，意识不清，皮肤凉湿，表示伤势严重或有较大的出血灶。

4. 止血法

迅速、准确和有效地止血，是救护中极为重要的一项措施。指压止血法较为常用。

用手指压迫出血血管（近心端），用力压向骨骼，以达到止血目的。适用范围如下：

（1）头顶部出血：在伤侧耳前，对准耳屏上前方 1.5cm 处，用拇指压迫颞动脉，即太阳穴，如图 3-9（c）所示。

（2）颜面部出血：用拇指压迫伤侧下颌骨与咬肌前缘交界处的面动脉。

（3）鼻出血：用拇指和食指压迫鼻唇沟与鼻翼相交的端点处，如图 3-9（a）所示。

（4）头面部、颈部出血：4 个手指并拢按压颈部胸锁乳突肌中段内侧，将颈总动脉压向颈椎处。但需注意不能同时压迫两侧的颈总动脉，按压一侧颈总动脉时间也不宜太久，以免造成脑缺血坏死，或者引起颈部化学和压力感受器反应而危及生命。

（5）肩、腋部出血：用拇指压迫同侧锁骨上窝，按压锁骨下动脉。

（6）上臂出血：一手抬高患肢，另一手 4 个手指在上臂中段内侧，按压肱动脉。

（7）前臂出血：抬高患肢，用 4 个手指按压在肘窝肱二头肌内侧的肱动脉末端。

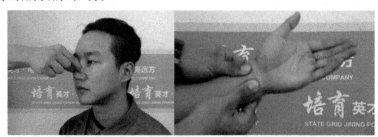

（a）鼻出血止血法　　　（b）手掌出血止血法

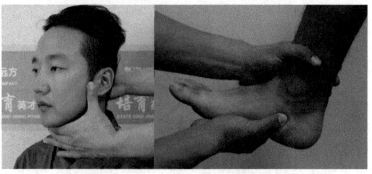

（c）头顶部出血止血法　　　（d）足部出血止血法

图 3-9　止血法

（8）手掌出血：抬高患肢，用两手拇指分别压迫手腕部的尺、桡动脉，如图3-9（b）所示。

（9）手指出血：抬高患肢，用食指、拇指分别压迫手指两侧的指动脉。

（10）大腿出血：以双手拇指在腹股沟中点稍下方，用力按压股动脉。

（11）足部出血：用两手拇指分别压迫足背动脉和内踝与跟腱之间的胫后动脉，如图3-9（a）所示。

常见的止血方法还有以下几种：

（1）屈肢加垫止血方法：当前臂或小腿出血时，可在肘窝、腘窝内放入纱布垫、毛巾、衣服等物品，然后屈曲关节，用三角巾作8字形固定。注意有骨折或关节脱位者不能使用。

（2）橡皮止血带止血方法：掌心向上，止血带一端留出15cm，一手拉紧，绕肢体2周，中、食两指将止血带的末端夹住，顺着肢体用力拉下，压住"余头"，以免滑脱。使用止血带要领：

▶快——动作快，可以争取时间；

▶准——看准出血点；

▶垫——垫上垫子，不要把止血带直接扎在皮肤上；

▶上——扎在伤口上方（禁止扎在上臂中段，这样做易损伤神经）；

▶适——松紧适宜；

▶标——加上红色标记，注明止血带扎系、时间，要准确到分钟；

▶放——每隔1小时放松止血带1次，每次时间不超过3分钟，并用指压法代替止血。

（3）绞紧止血：把三角巾折成带形，打一个活结，取一根小棒穿在带形外侧绞紧，然后再将小棒插在活结小圈内固定。

5.伤者大量出血时如何按压伤口

在伤者流血不止的严重情况下，可以直接用衬垫或绷带按压伤口,这样可能会使动脉暂时停止流血,但这是不得已而采用的方法。除此以外,可以采用间接按压伤口动脉的方法,这时伤口内的骨头也是挽救生命的关键,因为急救人员必须用力按压,把伤者的动脉固定在伤口内的骨头上才能止血。事实上,间接按压动脉的方法只能运用在手臂和腿的大动脉上。如果方法使用得当的话,该措施可以截断身体向四肢的血液输送。

6. 最佳按压点

手臂的肱动脉是顺着上臂的骨骼内侧向下流动的,所以最好的按压部位应该是上臂内侧下部。腿部的股动脉是从腹股沟与骨盆交界处流向腿部的,因而腹股沟便是按压的最佳部位。

每次切断动脉供血时间不要超过 15 分钟,否则可能会导致按压部位的组织死亡。

7. 观察记录

在等待救援人员到来之前,时刻观察伤病者情况,每 10 分钟记录一次伤者情况,这份记录对进一步的医疗救助有着重要的价值。在伤病者离开时,让医疗人员带走这份记录。

(四)特殊事故和伤害的急救

1. 烧伤与烫伤

尽快脱去伤者身上燃着的衣物并用水冷敷烧伤部位,减轻烧伤和烫伤程度。滚烫的湿衣物仍然会烫伤伤者,所以必须在脱去之前用水将衣物冷却。如果燃着的衣物粘在了伤者的皮肤上,不要强行脱去伤者衣物。

必须包扎好伤者暴露在外的伤口,以免引起感染。对于昏迷的伤者必须清理其呼吸道。

2. 骨折

为了避免引起伤者进一步骨折或肌肉组织拉伤,可以固定伤者受伤的部位,减少受伤部位的活动。如果已经叫了救护车,就不要使用临时夹板来捆绑伤者受伤的部位,因为救护人员会带来更专业的医疗设备。

为伤者裹上毛毯,保持体温。不要用热水袋或过多的衣物包裹伤者,这容易导致伤者因体温过高而引起血管扩张、皮肤发红,甚至突然休克。

3. 紧急事故处理须知

急救人员或其帮手在拨打120或请求其他援助时必须向对方提供以下基本信息:

(1)拨叫方的电话号码,以便需要时再次联系。

(2)事故发生的具体地点,越具体越好,如在哪条路上或事故现场旁边有什么显著标记等。

(3)事故的性质、严重程度和紧急程度等。

(4)伤者的伤势情况。

(5)伤者的年龄、性别等基本情况。

(6)造成事故的危险品的名称,如煤气、电、化学物质等。

4. 搬动伤者

急救人员在实施急救时首先应该做的就是保护好伤者的身体,让伤者的身体处于舒适位置。如果处理马虎,可能会导致伤者伤势恶化,甚至带来生命危险。

一般说来,只有在确实无法获得医务救援或伤者当时有生命危险时才能搬动伤者:①在车流量大的马路上,为避免造成交通阻塞;②在危险的建筑物里,如房屋着火或倒塌等;③在充满煤气或其他毒气的房间里,如充满一氧化碳的车库。

(1)搬动伤者之前的准备工作如下:

如果不得不搬动伤者,急救人员必须首先判断一下伤者伤势的性质和严重程度,尤其是脖子和脊柱部位的伤。如果伤者的头部、脖子、胸部、腹部和四肢等部位受伤,必须用物体支撑住受伤部位再进行移动。

如果无法确定(仍然有意识并能自由呼吸的)伤者的伤势严

重程度,就按伤者被发现时的姿势来移动伤者。

不要移动因挤压而受伤的伤者,否则会给伤者带来更大的伤害。在只有一个急救人员在场的情况下,尽量寻找外援,不要擅自移动伤者。

（2）搬动伤者的基本规则如下:

在伤者需要搬动的情况下,急救人员必须严格按照下面的步骤来搬动伤者:①靠近伤者;②两脚分开,保持平稳站立;③双膝弯曲,半蹲,不要弯腰;④背部挺直;⑤双手紧紧抓住伤者身体;⑥双腿（而不是背）用力,将伤者背起,同时用肩膀支撑住伤者的身体;⑦如果伤者身体向下滑,就让其轻轻滑落在地上,以免对伤者造成进一步伤害。

不要阻止伤者下滑,否则可能会弄伤你的背。不要试图单独搬动体重过重的伤者,如果能获得帮助的话,最好几个人一起搬动伤者,可以避免对伤者造成额外的伤害。

（3）注意事项如下:

搬动伤者的方式很多。无论何时,使用这些方法时都必须注意以下要点:①寻找帮手;②确定伤者的身高和体重;③确定伤者需要被搬动的距离;④搬动伤者时要经过的地方的地形;⑤伤者伤势的类别及严重程度。（4）现场只有一个急救人员时的处理

在伤者无法自己行走,也没有足够的人手抬伤者,又必须马上转移伤者的情况下可以采用以下措施。

▶拖动伤者

①将伤者的手臂在其胸前交叉（见图3-10）。②解开伤者身上的外套,卷到伤者头部下方。③蹲在伤者身后,抓住他肩膀上的衣服,慢慢地拖动伤者。

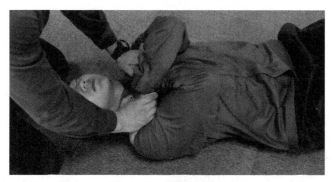

图 3-10　拖动伤者

如果伤者没有穿外套,你可以两手顶住伤者的腋窝拖动他。

▶**搀扶伤者**

当伤者在旁人搀扶下可以自己行走时,采用以下方法:

①站在伤者受伤的一侧。②将伤者的一只手臂绕在你的脖子上,并抓住这只手。③用你的另外一只手绕过伤者的腰,抓住伤者的衣服,搀扶伤者前进。如图 3-11 所示。

图 3-11　搀扶伤者

若伤者的上肢受伤,不能采用以上方法。

▶**手呈摇篮状抱起伤者**。这个方法只针对体重较轻的伤者。

▶**像消防人员一样扛起伤者**。如果急救人员无法采用以上方式,而又必须立刻转移伤者时,可以采用这个方法。这时不要求伤者有意识,但伤者必须是体重很轻者。①帮助伤者站立起来。②用右手握住伤者腰的左侧,如图 3-12（a）所示。③膝盖弯曲,身体向前倾,小心地将右肩放在伤者的腹股沟下,将伤者的身体扛起来,并使之自然地从你的肩和背俯下去。用右臂从伤者腘窝处绕过去并握住,如图 3-12(b)所示。④站起身,调整伤者的姿态,让其平稳地趴在你的肩膀上,如图 3-12(c)所示。

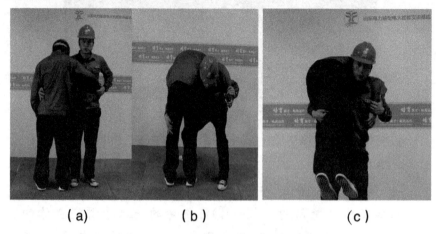

(a)　　　　　　(b)　　　　　　(c)

图 3-12　像消防人员一样扛起伤者

　　如果伤者无法站立,不得已时可以翻转他的身体,让他面部向下,并使他双膝跪地支撑住身体呈直立姿态。然后急救人员从正面靠近伤者,用两只手臂穿过伤者腋窝使他站立起来,如图 3-13。

图 3-13　伤者无法站立时抱起方法

第二节　突发事故急救

一、常见事故急救

工作生活中,难免会遇到各种意外伤害,或者突发急病,但如果准备得当,配备了合适的急救箱,并且了解最新的紧急救生步骤,就会有信心应对任何的未知情况。最重要的是应该知道自己的局限性——弄清楚哪些事情可以由自己处理,哪些事情应该留给医疗救助机构来处理。

（一）被动物叮咬造成的伤害

1. 被猫、狗和人咬伤

猫、狗等动物和人的口腔内有很多生物,其中一些可以产生感染物,甚至可以带来致命的疾病,如狂犬病。所以,如果被动物或人咬破了皮肤,必须高度重视,对伤口进行必要的处理。

处理被叮咬的伤口的方法如下:

（1）立即用大量肥皂水清洗伤口。

（2）任由伤口流血,可以带走伤口上的细菌。

（3）将纱布放在双氧水里浸泡后再包扎伤口,可以降低感染风险。

（4）咨询医生是否需要注射破伤风疫苗和抗生素等。

（5）如果怀疑伤者可能感染了狂犬病病毒,应立即将其送医院治疗。

为了核实或排除狂犬病病毒感染,必须对疑似患上狂犬病的动物或人进行医学检查。必要时还需要将疑似患上狂犬病的动物或人隔离。

2. 被蛇咬伤

在一些多蛇的国家和地区,常常发生毒蛇咬人的事件。毒蛇聚集地区的医疗专家收集了很多抗蛇毒素,用来治疗被蛇咬的伤口。

被蛇咬伤的症状:

(1)伤口疼痛且肿胀。

(2)伤口有明显的小孔状蛇齿印。

(3)视力下降。

(4)出现恶心、呕吐现象。

(5)呼吸困难。

被蛇咬伤后的急救措施

(1)让伤者躺下休息,使其心跳减速,减缓毒素扩散速度。

(2)清理伤口,洗去伤口周围的毒液。

(3)牢固包扎伤口。

(4)尽快送伤者去医院。

不要让伤者移动。不要举起伤者的肢体。不要用刀划伤口或烧烙伤口。

3. 被昆虫叮咬受伤

其实常说的被昆虫咬并不是真的被昆虫咬了,只是昆虫将其唾液注入人的皮肤里,使皮肤受到其唾液里的一些物质的刺激。这些物质会使你产生过敏症状——皮肤泛红、肿胀,通常持续1~2天。另外,可能还会出现一些不良反应,那是昆虫的粪便渗进皮肤导致的。严重的不良反应可能会危及生命,尤其是喉咙肿胀等症状。

被昆虫叮咬受伤后的急救措施:

(1)用肥皂水彻底清洗皮肤。

(2)如果局部或全身出现严重的不良反应,应该立刻去医院就医。

4. 被昆虫蜇伤

被昆虫蜇伤是指人被蜜蜂、黄蜂、大黄蜂等蜇后,被具有很强刺激性的毒液感染。这通常会导致局部皮肤疼痛、红肿,不过基本上不会对人造成太大伤害。但是,如果同时被蜇很多次,就可能很危险了。如果伤者以前被某种昆虫蜇过,并对其过敏,那么再次被同样的昆虫蜇也会非常危险。

不要用钳子拔除鳌针,这样做可能会把毒液挤到皮肤里。

(1)用指甲盖或一把钝刀小心地刮昆虫蜇咬后留在皮肤上的鳌针。

(2)用肥皂水清洗受影响的皮肤,然后冰敷伤口。

(3)让伤者服用止痛药。

5. 口腔或喉咙被蜇

人的口腔或喉咙被蜇急救人员应立即送伤者去医院。这类蜇伤可能会使伤者喉咙肿胀、呼吸道梗阻,导致伤者死亡。

任何一种过敏反应都要立即去医院就医。

伤者被蜇后昏倒时的急救措施:

(1)检查伤者呼吸。

(2)检查伤者脉搏。

(3)如果需要的话,立即对伤者实施嘴对嘴的人工呼吸和胸部按压。

6. 被老鼠咬伤

随着养宠物者增多,经常出现一些另类宠物咬伤、抓伤人的情况,其中有不少是被老鼠咬伤的。另外,由于老鼠喜欢吃带有奶味的婴儿嫩肉,所以婴儿被老鼠咬伤的事也时有发生。老鼠能传播多种疾病,被老鼠咬伤可能会引起局部伤口感染,严重会引起败血症、狂犬病,还有可能被感染上鼠疫。因此,不管被哪种老鼠咬伤都不能掉以轻心,必须立即进行处置。如果消毒处理及时得当,防疫注射操作正规,一周无不良反应,一般不会留下后遗症。

急救前的检查:

(1)检查被咬的标记。

(2)检查皮肤裂开、出血情况。

(3)检查红肿和疼痛。

要采取以下措施：

（1）用清洁水冲洗伤口，持续冲洗至少10分钟。

（2）把伤口内的污血挤出，再用2%的碘酒或75%的酒精消毒。

（3）取鲜薄荷洗净、捣烂取汁，涂患处，可止痛、止痒、消肿。

（4）尽快到当地防疫医疗部门注射流行性出血热疫苗和狂犬病疫苗。

（5）注意观察病人的伤口是否有肿胀、流脓等感染的症状。

（6）检查病人是否发烧。如果病人突然发烧，或有头痛、胸痛、四肢痛、淋巴结肿大、皮肤充血、呼吸困难等情况，有可能已被感染上鼠疫，应立即送医院就医。

不要做什么：

不要用手抓挠伤处，以防细菌感染。

7. 吸血蝇咬伤

吸血蝇的主要种类有家蝇科的刺蝇属，血蝇属、角蝇属亦为吸血种类。此类苍蝇长有高度发达的刺吸式口器，以吸血为生，尤其以家畜为主要寄主。被吸血蝇咬伤以后，因其唾液中含有抗凝血素，可使伤者发生毒性反应，严重的会被感染病毒性疾病。根据不同病毒类型，被感染的症状在昆虫叮咬后2~15天出现。

急救前的检查：

（1）轻微的反应：被叮咬部位局部红肿、痒、痛、发疹。

（2）严重的反应：全身出现紫癜、荨麻疹，发烧、头痛、震颤、惊厥、麻痹、昏迷。

局部用复方炉甘石搽剂或氢化可的松软膏涂抹，以消肿止痒。有全身反应时，可口服苯海拉明25~50毫克。出现震颤、惊厥、麻痹、昏迷等严重症状，应立即上医院诊治。

不要用手抓挠被叮咬处，以免造成感染。

预防措施如下：

（1）蚊蝇高度活动的时候（通常是清晨和傍晚），使用蚊帐和纱门窗，避免被叮咬。

（2）在有蚊蝇的室外活动时,应穿长袖衣裤,使用驱避剂。

（3）注意生活环境的卫生,如排干积水,地区性撒药等,防止蚊蝇的滋生。

8.被蜈蚣咬伤

蜈蚣又称"百肢天龙",在我国南北各地都有分布,尤其是南方更为多见。它生活于腐木石隙或荒芜阴湿地方,昼伏夜出。蜈蚣分泌的毒汁含有组织胺和溶血蛋白,蜈蚣咬人时,其毒液顺尖牙注入被咬者皮下。蜈蚣咬伤中毒的潜伏期约为0.5~4小时,蜈蚣越大,症状越重。当人被它咬伤之后,轻者剧痛难受,重者有性命危险。如果处理不当,很可能在短暂的几小时内丧生。

急救前的检查:

（1）检查被叮咬的部位剧痛、红肿、瘙痒情况。

（2）伤口是否出现水疱和局部坏死情况。

要做什么:

一般的情况下,可按以下方法处理:

（1）在伤口处涂抹肥皂水或5%、10%的碳酸氢钠(即小苏打),以中和酸性的毒液。用鲜扁豆叶、鲜蒲公英、鱼腥草、芋头任意一种50~100克捣烂外敷。或用蛇药捣烂,用水调成浆糊状,敷在伤处。

（2）伤势较为严重者,应立即进行局部捆扎,在伤肢上端2~3厘米处,用布带扎紧,每15分钟放松一下。

（3）必要的话切开伤处皮肤,想办法吸出毒液。伤口非常疼痛者,可用水、冰进行冷敷。有过敏症状者,可服用苯海拉明、扑尔敏等抗过敏药物。

经过以上处理,一般不需要看医生,但如果有以下一些症状,则需要马上看医生:

▶发热。

▶头晕、头痛,全身无力。

▶恶心、呕吐。

►腹痛、腹泻,视物不清。

►心跳及脉搏缓慢,呼吸困难,体温下降,血压下降。

►抽搐及昏迷。

如果能将昆虫抓住,就医时要一并带到医院,以便医生尽早采取治疗措施。

不要做什么

不要用手抓挠被叮咬处,以免造成感染。

9. 被蜂蜇伤

蜂的种类有蜜蜂、黄蜂、大黄蜂、土蜂等,蜂的腹部后端有毒腺与螯相连,螯人时会将毒液注入人体内。蜂毒的主要成分有蚁酸、神经毒素和组织胺等,会引起溶血、出血、过敏反应。在各种蜂中,以土蜂和大黄蜂毒性最大,而蜜蜂螯人后还会把尾刺留在人体内。被蜂蜇伤有时会导致严重的后果,应引起重视。

急救前的检查:

(1)轻微的反应:

►受伤部位局部红肿和疼痛。伤口有灼热感,形成水疱。

(2)严重的过敏反应:

►出现荨麻疹。

►口唇及眼睑水肿。

►头晕。

►恶心、呕吐。

►腹痛、腹泻。

►喉水肿。

►气喘、呼吸困难。

►面色苍白。

►发热、寒战。

►血压下降。

►烦躁不安。

►休克、昏迷。

要做什么：

（1）仔细检查伤口，若尾刺尚在伤口内，可见皮肤上有一小黑点。

（2）用消毒的镊子、针将叮在肉内的断刺剔出，然后用力掐住被蜇伤的部分，用嘴反复吸吮，以吸出毒素。

（3）如果被蜜蜂蜇伤，因其毒液呈酸性，可用肥皂水、小苏打水或淡氨水等碱性溶液洗涤涂擦伤口，中和毒液，也可用生茄子切开涂擦患部以消肿止痛。如果被黄蜂蜇伤，因其毒液呈碱性，可用食醋、人乳涂擦患部。若被马蜂蜇伤，可用马齿苋菜嚼碎后涂在患处。

（4）可将南通蛇药用温水溶后涂伤口周围，或用青苔、七叶一枝花、半边莲、蒲公英、紫花地丁、野菊花、桑叶等鲜品捣烂外敷。伤口肿胀较重者，可用冷毛巾湿敷伤口。可给患者口服抗组织胺类药物，如扑尔敏、苯海拉明等内服，有助于消除水肿、痒痛等轻度过敏反应。亦可用金银花 50 克、生甘草 10 克、绿豆适量煎汤饮用，具有加速毒素排泄和解毒作用。

被蜂蜇伤 20 分钟后无症状者，可以放心。

蜂蜇后局部症状严重、出现严重的过敏反应者，除了给予上述处理外，如带有蛇药可口服解毒，并立即呼叫医疗急救，或将病人送往医院救治。

在等待医疗急救或送往医院期间，按以下方法护理病人：

为了防止休克，让病人卧倒，脚抬高（以增加血流到心脏和大脑）。

在病人身上盖上衣服或毛毯保温。

如果发生休克，应进行人工呼吸、心脏按摩等急救处理。

如果病人呼吸困难，让他保持坐姿。

不要做什么：

（1）不要挤压伤口，以免毒液扩散。

（2）不要用红药水、碘酒之类药物涂擦患部，这样只会加重患部的肿胀。

出现严重过敏反应时,不要给病人食物和饮料,等待医疗救治。

10.被蚂蝗咬伤

蚂蝗又称水蛭,一般栖于浅水中,还有一种旱蚂常成群栖于树枝和草地上。蚂蝗头部有一吸盘,遇到暴露在外的人体皮肤,即以吸盘吸附,并逐渐深入皮内吸血,有时还会钻入阴道、肛门、尿道吸血。蚂蝗吸血时很难自动放弃,而且还分泌一种抗凝物质,阻碍血液凝固,使伤口流血不止。人们在稻田、池塘、湖沼等处劳动、玩耍、游泳、洗澡都有可能会被蚂蝗咬伤。被蚂蝗咬伤时只要采取正确的方法处理,伤口的炎症一般可以自行恢复,不会引起特殊的不良后果,不需去医院治疗。

急救前的检查:

(1)检查被咬部位是否发生水肿性丘疹。

(2)被咬的创口疼痛、流血不止、溃疡等情况。

要做什么:

如果蚂蝗还附着在身体上,采用下列办法,使它自动脱离伤口:

(1)在蚂蝗叮咬部位的上方轻轻拍打,使蚂蝗松开吸盘而掉落。

(2)用烟油、食盐、浓醋、酒精、辣椒粉、石灰等滴撒在虫体上,使其放松吸盘而自行脱落。

(3)用针刺或烟油刺激其头部,使其自动脱开皮肤。

(4)可用指甲或镊子夹住其身体,或用火烧其尾部,也可使其脱落。

蚂蝗掉落后,若伤口流血不止,可先用干净纱布压住伤口1~2分钟,止血后再用5%碳酸氢钠溶液洗净伤口,涂上碘酊或龙胆紫液,用消毒纱布包扎。

如果还不能止住出血,可往伤口上撒一些云南白药或止血粉。

蚂蝗掉落后,如果伤口没出血,可用力将伤口内的污血挤出,用小苏打水或清水冲洗干净,再涂以碘酊或酒精、红汞进行消毒。

蚂蟥钻入鼻腔,可用蜂蜜滴鼻使之脱落。若不脱落,可取一盆清水,伤员屏气,将鼻孔侵入水中,不断搅动盆中之水,蚂蟥可被诱出。

蚂蟥侵入肛门、阴道、尿道等处,要仔细检查蚂蟥附着的部位,然后向虫体上滴食醋、蜂蜜、麻醉剂(如1%的卡因、2%的利多卡因)。待虫体回缩后,再用镊子取出。

不要做什么:

千万不要硬性将蚂蟥拔掉,因为蚂蟥的吸盘吸得很紧,这样,一旦蚂蟥被拉断,其吸盘就会留在伤口内,容易引起感染、溃烂。

11. 被毛虫蜇伤

通常三月后,毛毛虫开始大量活动。毛毛虫体表长有毒毛,呈细毛状或棘刺状。毒毛蜇入人体皮肤后,往往随即断落,放出毒素。严重者还可引起荨麻疹、关节炎等全身反应。

急救前的检查:

(1)一般的反应如下:

▶被蜇伤处起很大的红疙瘩,又痒又痛。

▶伤处有烧灼感。

(2)严重的反应如下:

▶伤处溃烂。

▶出现荨麻疹症状。

▶发热、头痛、腹痛。

要做什么:

(1)仔细观察伤处,用刀片顺着毒毛方向刮除毒毛。

(2)可用橡皮膏贴附于被蜇部位,再用力撕下,毒毛即可被粘出。

(3)或用胶布反复粘贴患处,将附在皮肤上的毒毛粘出来。

(4)用3%氨水、清凉油、云香精、红花油等,或用南通蛇药涂抹患处。在野外也可用七叶一枝花或鲜马齿范捣烂外敷。

(5)伤处形成水泡的,可用烧过的针将水泡刺破,将血挤出,然后涂上1%的氨水。

（6）伤口溃烂时，可用抗生素软膏涂抹。如果出现荨麻疹症状，或全身有发热、头痛、腹痛等反应，应尽快到医院诊治。

不要做什么：

不要因痒而用手抓被蜇伤的部位，以防细菌感染。

（二）烧伤

1. 轻微烧伤与烫伤

处理轻微烧伤与烫伤：

（1）即使是轻微的烧伤也要立即冷却伤口，减少对身体组织的伤害。尽快在水龙头下冲洗烧伤部位，直到完全冷却为止。

（2）用干净的最好是消过毒的布（非绒布料）包扎伤口。

注意：不要刺破水疱或撕去烫伤部位松弛的外层死皮。

2. 太阳灼伤

太阳灼伤是由于伤者长时间暴露在太阳光下导致的。太阳光里含有紫外线，会破坏皮肤表层细胞并伤害皮肤里的微血管。太阳灼伤分为轻微灼伤和严重灼伤，这两种情况会导致不同的结果。轻微灼伤对皮肤的伤害较小；严重灼伤可能会使皮肤出现水肿。

太阳灼伤引发的后果：

（1）立刻感觉身体不舒服。

（2）增加皮肤起皱纹和患皮肤癌的概率。

处理太阳灼伤的方当如下：

（1）避免皮肤直接被阳光照射。

（2）洗个冷水浴，冷却皮肤。

（3）不要按压灼伤的皮肤。

（4）对于轻微的灼伤，可以用榛子油、天然酸乳酪、炉甘石洗液或某种护肤乳液涂抹晒伤处。

（5）如果是更严重的情况，最好保持水疱完整，不要戳破。

（6）服用止痛药。

（7）如果伤势非常严重，要及时去医院就诊。

3. 烧伤原因

烧伤是由以下因素导致的身体组织受伤：

（1）过高的温度。

（2）辐射：太阳光和其他紫外线发射源、X射线、Y射线等。

（3）腐蚀性化学药品。

（4）电流——通过人体时会产生热量，会使体内的血液等凝结，阻碍人的呼吸和心跳。

（5）摩擦。

如果导致烧伤的物体持续对人体发生作用，人的体内组织就会遭到破坏。所以急救人员实施急救的关键就是尽量采取措施降低伤者身上的温度，或使伤者脱离辐射源或洗（刷）去伤者身上的有害化学物质。

4. 烧伤度

烧伤度是用来表示伤者被烧伤的严重程度的指标。急救人员可根据烧伤度来决定是否需要对伤者进行治疗及采取怎样的治疗方法等。根据烧伤度不同，烧伤可以分为3个等级，如图3-14所示。

（1）轻度烧伤。这种烧伤只影响到皮肤表层，使皮肤发红、肿胀、易破等。这类烧伤通常能够治愈，并且不会留下瘢痕。轻微的表皮烫伤并不需要到医院治疗。如图3-14（a）所示。

（2）中度烧伤。这种烧伤容易引起感染。如图3-14（b）所示。

（3）深度烧伤。这种烧伤会毁坏人体的所有皮肤层，伤口发白，呈蜡状或者烧焦状。如果烧伤面积很大，伤者皮肤内的神经可能会被损坏，所以伤者已经不会感觉到疼痛了。通常情况下，大面积的烧伤无论轻重都被称为深度烧伤。如图3-14（c）所示。

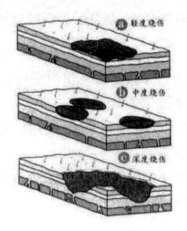

图3-14　烧伤程度

烧伤的面积越大,严重程度可能就越大。即使是大面积的轻度烧伤,也很危险。烧伤面积超过3平方厘米时就必须去看医生。在大面积烧伤中,一般用"九分律"来判断危险程度,即如果一个人的烧伤面积达到全身皮肤的9%,即使是轻度烧伤也必须到医院去治疗。"九分律"是判断危险程度并决定是否需要输血等的重要指标。手术休克与感染是外部烧伤的主要威胁,一般过了48小时之后,伤口面临的最大危险就是感染。

5.衣物着火造成的烧伤

许多严重烧伤都是因为衣物着火引起的,尤其是睡衣等较宽松、轻便的衣物。当火从衣服褶边燃起时,当事人如果没有意识到或是慌张地奔跑,火势就会迅速向上蔓延。

衣物着火及其处理措施如下:

(1)立刻让伤者平躺在地板上。

(2)如果现场有灭火器,立刻用灭火器灭火,或者尝试用其他合适的有一定重量的东西将火覆盖住,使火因缺氧而熄灭。如果现场没有合适的灭火工具,就将伤者身体着火的一侧紧贴在地上,使火焰在人体和地面之间因缺氧而熄灭。

不要用尼龙制品覆盖火焰。不要让伤者在地上翻滚,否则会增加被烧伤的面积。一旦伤者衣物上的火被熄灭后,立刻快速冷却伤者被烧伤的部位,不可延误。

快速冷却烧伤部位并防止感染的方法如下:

(1)滚烫的衣物会导致更严重的烫伤,所以必须立即将伤者身上的衣物脱去(或剪掉)或用水冷却。

(2)用水桶或水壶向伤者身上浇冷水以冷却烧伤部位。必须在10分钟之内进行。

(3)打电话叫救护车。

(4)检查伤者呼吸道是否通畅。

(5)用干净的纱布包扎伤口避免伤口感染。

(6)如果伤者意识清醒的话,定时让他喝少量的水,弥补他体内流失的水分。

6.高温烧伤与烫伤

高温烧伤与高温烫伤并没有什么实质性的区别,都是由于皮肤组织受到高温烧灼而受伤的。这种情况下,皮肤组织迅速被损坏,所以急救人员必须立即采取措施降低伤者身体温度。伤口得到及时冷却后会大大减轻伤情,也会缓解由于烧伤或烫伤带来的剧痛。

烧伤和烫伤的急救措施:

轻微烧伤与烫伤的急救措施前面已经讲过。

(1)脱去或剪掉伤者被烧伤部位的所有衣物。

(2)除去伤者身上的饰物(如戒指、手镯、手表等),以免它们在伤肢肿胀后勒进伤者皮肤,无法脱下。

(3)用冷水冲洗伤口,冲洗时间至少10分钟。处理所有烧伤事故时几乎都可以也应该采用这个方法,不论是严重烧伤还是轻微烧伤。

不要用黄油、药膏或洗液等涂抹伤口。不要将任何有黏性的东西放在伤口上。

尽量不让伤口的水疱破裂。用松软的棉垫等物轻轻覆盖在水疱上,不要用力压,再用干净的胶带固定好棉垫,便可以保护水疱不破裂。

包扎有水疱的破裂伤口的方法：

（1）在条件允许的情况下，尽量用有消毒作用的纱布敷料剂覆盖水疱。

（2）用棉垫覆盖住敷料剂并用胶带固定。

不要故意戳破水疱，因为形成水疱的表皮对于表皮下层容易感染的组织而言是一个很好的保护膜。

7. 化学药剂烧伤

这种事故大多是由汽车电池里的强酸物质或腐蚀性的苏打、强力漂白剂等碱性物质引起的。脱漆剂和家用清洁剂也有腐蚀作用。急救人员在处理化学药剂烧伤事故时，必须非常小心，避免直接接触化学物质。

化学药剂烧伤的症状：

（1）感觉皮肤有像被昆虫蜇咬的刺痛感。

（2）皮肤迅速变色。

（3）皮肤泛红，出现水疱或脱皮现象。

化学药剂烧伤的急救措施：

（1）立刻在水管或水龙头下彻底冲洗伤口。这样做可以冲去伤口上残留的药剂或稀释药剂，降低烧伤程度。如果伤口上有干燥的粉状化学药剂，先用软刷将其刷去，再去冲洗。

（2）清洗时，先脱去或剪去伤者身上所有被化学药剂污染过的衣物。

（3）如果伤口皮肉出现红肿，用干净的衣服或绷带覆盖住伤口。

（4）将伤者送往医院。

不要浪费时间去寻找解毒剂。

8. 眼睛被化学药剂烧伤

碱对眼睛的伤害比酸要大得多，因为碱更容易穿透眼睛内部组织，也更难清除。化学药剂对眼睛造成的最严重伤害就是破坏伤者的晶状体导致失明。这时最好的急救方法仍然是立刻彻底冲洗眼睛。

清洗和治疗被化学药剂烧伤的眼睛的方法如下：

（1）让伤者把头放在水龙头下，用水快速冲洗眼睛。冲洗时，伤者必须将头倾斜使水能够从头的一侧流下，而不会冲进没有受伤的另外一只眼睛里。

（2）当然在冲洗时必须将伤者的眼睑翻开。如果伤者不能自己翻开眼睑，急救人员必须为其撑开眼睑。

（3）冲洗时间必须足够长，如果是被碱烧伤，至少需要冲洗10分钟；如果伤者两只眼睛都受伤了，要轮流冲洗，大约每10秒钟交替一次。

（4）冲洗完毕后，用消毒的或干净的棉垫覆盖在眼睛上，再用干净的胶带将棉垫固定。

（5）尽快送伤者去医院眼科治疗。

如果没有自来水或啤酒、牛奶等温和的液体，也可以使用尿冲洗伤者的眼睛，因为尿通常有消毒作用，而且对人体无害。

9. 电烧伤

电烧伤的急救措施：

（1）立即切断电源。

（2）如果有必要的话，急救人员可以站在一个干的橡胶垫上，用木棍把伤者的肢体与电源分开。

（3）当伤者安全脱离电源后，检查伤者的呼吸与心跳。

（4）如有必要的话，可以尝试对伤者实施人工呼吸和胸部按压。

（5）如果伤者已经昏迷，使其处于有利于恢复呼吸的状态。

（6）用水冷却与电流直接接触的部位。

（7）用消过毒的或干净的纱布或绷带包扎伤口。

急救人员必须立即切断与伤者接触的电源，注意不要让自己触电。在伤者尚未脱离电源之前，千万不要往其身上泼水。

10. 高压电烧伤

高压电所造成的伤害通常是致命的。急救人员如果距离电源 18 米以内,也会有被间断的电流火花和"跳跃"的电流击中的危险。遇到这种情况,你必须在疏散人群的同时立即报警。

二、疾病急救

(一)惊厥(抽搐)

惊厥俗称"抽风",常见是癫痫和癔病所致的惊厥。

1. 症状

突然起病,常伴有寒战、四肢发冷及青紫,随后体温升高,颜面充血潮红,呼吸加快,先是眼球及面部的小抽动,继之两眼固定或向上斜视,全身或部分肢体绷紧强直,或阵歇性地痉挛性抽动,伴有不同程度意识障碍或昏迷。

2. 急救措施

(1)让患者平卧,头偏向一侧,以防止舌后坠和口腔分泌物堵住气管而引起窒息。

(2)在患者白齿间嵌填毛巾或手帕,以防咬伤舌头。

(3)通过头部敷冷毛巾,针刺合谷(别名虎口)或用手指甲掐入人中穴止痉,然后急送医院救治。

(二)癫病

癫病俗称"羊角风""羊癫风"。

1. 症状

发作时,患者常突然大叫一声摔倒在地,两眼固定不动发直,四肢伸直,拳头紧握,呼吸暂时停止,随后全身肌肉强烈地抽搐,咬牙、口吐白沫、眼球上翻、眩眼、瞳孔散大,可伴有小便失禁。持续 10 秒钟后停止并进入昏睡,醒来自觉疲乏,但对发作情况不能记忆。

2.急救措施

（1）癫痫发作时,救护者应注意患者体位,防止意外损伤。若患者俯卧、口鼻朝地,应立即改变其体位,以防止窒息。

（2）用筷子或木棒包上手帕塞在患者白齿之间,以防咬伤舌头。

（3）若发作后能在短时间内自行停止,就不需用药;若抽搐不止,就很容易发生意外或危险,需立即送医院救治。

（三）癔病

癔病是神经官能症的一种表现,常因强烈的精神刺激而发病,但全身并没有主要脏器的损伤。患者多为青年女性。

1.症状

常在大庭广众之下发病,表现为抽搐（一般只是四肢轻微抽动或挺直）、两眼上翻并眨动。有的患者还可表现为癔症性昏厥或假性痴呆。发作可持续几小时。本病患者无大小便失禁及摔倒现象。但有时也可出现过度换气、四肢强直、昏睡等。

2.急救措施

（1）首先要保持患者安静休息,不要在患者面前惊慌喧闹。可以让患者服1~2片安定等镇静药。

（2）患者若牙关紧闭、抽搐不止,可针刺人中、内关、劳宫、涌泉（足心）穴使之苏醒。

（3）利用氨水刺激其嗅觉可终止发作。

（4）如无合适针、药,服用维生素也能起到一定的治疗作用。急救后应让患者安静入睡,不要打扰。

（四）昏厥

昏厥也称"晕厥""昏倒",是由一时性脑缺血、缺氧引起的短时间的意识丧失现象。

1. 原因

以过度紧张、恐惧而昏倒最多见,这属于血管抑制性昏厥,又称"反射性昏厥"或"功能性昏厥"。另外,体位性昏厥、排尿性昏厥也属此类。其他尚有心源性、脑源性、失血性、药物过敏等引起的昏厥。

2. 症状

患者突然头昏、眼花、心慌、恶心、全身无力,随之意识丧失,昏倒在地。

3. 急救措施

(1)应先让患者躺下,取头低脚高位,解开衣领和腰带,注意保暖。

(2)针刺人中、内关穴,同时喂患者热茶或糖水,使患者慢慢恢复知觉。

(3)若是大出血、心脏病引起的昏厥,需立即送医院急救。

(五)休克

休克可分为低血容量性休克、感染性休克、心源性休克、过敏性休克和神经性休克等。

1. 症状

主要症状是迅速发生的精神呆滞或烦躁不安;体力不支、四肢不温,皮肤白而湿冷或有轻度发钳,脉细弱而快速、血压下降。

抢救不及时常可危及生命。

2. 急救措施

(1)尽量少搬动或扰动患者,应解开患者衣扣,让患者平卧,头侧向一方。有心源性体克伴心力衰竭者,则应取半卧位,严重休克的,应放低头部,抬高双脚。

(2)呼吸困难或肺水肿者可稍微提高头部。

（3）注意保暖,但不可太热。可适当饮用热饮料。有条件的可吸氧。

（4）针刺人中、十宣、内关、足三里等穴位。

（5）观察心率、呼吸、神志改变,并作详细记录。

（6）出血者,应立即止血。

（7）及时送医院抢救。

（六）昏迷

昏迷是大脑中枢受到严重抑制的表现,患者意识丧失,极其严重。

1.急救措施

（1）仔细清除患者鼻咽部分泌物或异物,保持呼吸道通畅。

（2）取侧卧位,防止痰液吸入。若无禁忌症,应将患者安置为无枕平卧位。

（3）加强防护,防止坠地。

（4）及时送医院急救。

（七）高血压危象

高血压危象是一种在不良诱因影响下,血压骤然升到200/120毫米汞柱以上,并出现心、脑、肾急性损害的危急症候。

1.症状

患者突然感到头痛、头晕、视物不清甚至失明;恶心,呕吐;心慌、气短;两手抖动、烦躁不安;甚至可出现暂时性瘫痪、失语、心绞痛、尿混浊;更严重的可表现为抽搐、昏迷。

2.急救措施

（1）不要在患者面前惊慌失措,应让患者安静休息,取半卧位,并尽量避光。

（2）患者若神志清醒,应立即服用双氢克脲噻2片,安定2片,或复方降压片 2 片。

（3）应少饮水，并尽快送患者到医院救治。送患者的运输工具应尽量平稳，以免因过度颠簸而引起脑溢血。

（4）发生抽搐时，可手按合谷、人中穴。

（5）应格外注意保持昏迷者呼吸道的通畅，最好让其侧卧，将下颌前伸，以利呼吸。

（八）中风

脑血管意外又称"中风""卒中"。其起病急，病死和病残率高，为老年人三大死因之一。对中风患者的抢救若不得法，会加重病情。

中风可分为脑溢血和脑血栓两种。

1. 脑溢血症状

脑溢血多在情绪激动，过量饮酒，过度劳累后，因血压突然升高导致脑血管破裂而发病。少数患者有头晕、头痛、鼻出血和眼结膜出血等先兆症状，而且患者血压素较高。患者突然昏倒，随即出现昏迷；口眼歪斜和两眼向出血侧凝视，出血对侧肢体瘫痪，握拳；牙关紧闭，鼾声大作，或手撒口张、大小便失禁。有时可有呕吐，甚者呕吐物为咖啡色。

2. 脑血栓症状

脑血栓引起的中风通常发生在睡眠后或安静状态下。发病前可有短暂脑缺血，如一般性的头晕、头痛、突然不会讲话，肢体发麻和沉重感等。患者往往在早晨起床时突然发觉半身不遂，但神志多清醒，而且其脉搏和呼吸明显改变，以后逐渐发展成为偏瘫、单瘫、失语和偏官。

3. 急救措施

发生中风时，患者必须绝对安静卧床（脑溢血患者头部应垫高），松开领扣，取侧卧位，以防止口腔分泌物流入气管。同时应保持呼吸道通畅,并立即就近送到医院救治。同时要避免强行搬动,搬动时尤其要注意头部的稳定,否则会错过最有利的治疗时机而加重病情。

（九）心动过缓

成人每分钟心率在 60 次以下者称心动过缓。如无任何不适者就不属于病态。

1. 症状

若平时心率每分钟 70 ～ 80 次,降到 40 次以下时,患者有心悸、气短、头晕和乏力等感觉,严重时可有呼吸不畅、脑闷甚至心前区有冲击感,更重时可因心排血量不足而突然昏倒。

2. 急救措施

（1）出现胸闷、心慌,每分钟心率在 40 次以下者,可服用阿托品 0.3~0.6 毫克（1~2 片）,每天 3 次,紧急时可肌肉注射阿托品 0.5 毫克（1 支）。或口服普鲁本辛 15 毫克（1 片）,每天 3 ～ 4 次。

（2）若因心脑缺血而晕厥者,应使患者取头低足高位静卧,并注意保暖。

（3）松开领扣和裤带,指掐人中穴使患者苏醒,并及时送医院救治。

（十）心动过速

成人每分钟心率超过 100 次称心动过速。

1. 分类

心动过速分生理性和病理性两种。

（1）生理性心动过速:跑步、饮酒、重体力劳动及情绪激动时心律加快为生理性心动过速。

（2）病理性心动过速:由高热、贫血、甲亢、出血、疼痛、缺氧、心衰和心肌病等引起的心动过速,称病理性心动过速。病理性心动过速又可分为窦性心动过速和阵发性室上性心动过速两种。

▶窦性心动过速。特点是心率加快和转慢都是逐渐进行,通常心率不会超过 140 次,患者多数无心脏器质性病变,有时可有心慌,气短等症状。

▶阵发性室上性心动过速。心率可达 160~200 次,以突然发作和突然停止为特征,无论心脏有无器质性病变都可发生。发作时患者突然感到心慌和心率增快,持续数分钟、数小时至数天,后又突然恢复正常心率。患者自觉心悸、胸闷、心前区不适及头颈部跳动感等。但若发作时间长,心率在 200 次以上时,因血压下降,患者可自觉眼前发黑、头晕,乏力和恶心呕吐,甚至突然昏厥、休克。冠心病患者在心动过速时,常会诱发心绞痛。

2. 急救方法

(1)让患者大声咳嗽。

(2)让患者深吸气后憋气,然后用力做呼气动作。

(3)通过用手指刺激咽喉部来引起恶心、呕吐。

(4)指压眼球法,嘱患者闭眼向下看,用手指在眼眶下压迫眼球上部,先压右眼。同时搭脉搏数心率,一旦心动过速停止时,应立即停止压迫。每次 10 分钟,压迫一侧无效再换对侧,注意切忌两侧同时压迫。青光眼、高度近视眼不可用本法。同时口服心得安或心得宁片。

(5)在急救的同时,应立即送患者去医院救治。

(十一)心力衰竭

1. 类型

心力衰竭是心脏病后期发生的危急症候,可分为左心衰竭、右心衰竭和全心衰竭。

(1)左心衰竭表现症状:早期表现为体力劳动时呼吸困难,到后期,患者常常在夜间被憋醒,并不得不坐起,同时伴有哮鸣音的咳喘,咳粉红色痰,口唇发紫,大汗淋漓,烦躁不安,脉搏细而快。

（2）右心衰竭表现症状：早期可表现为咳嗽、咯痰、哮喘，面颊和口唇发紫，颈部静脉怒张，下肢浮肿严重者还伴有腹水和胸水。

（3）全心衰竭：同时出现左心和右心衰竭的为全心衰竭。表现为两者间的综合症状。

2. 急救方法

（1）应首先让患者安静，并尽量减少患者的恐惧躁动。

（2）有条件的马上吸氧（急性肺水肿时可吸入通过 75% 酒精溶液的氧气），并松开领扣。

（3）让患者取坐位，两下肢随床沿下垂，必要时可用绷带轮流结扎四肢，每一肢体结扎 5 分钟。通过减少回心血量，来减轻心脏负担。

（4）可在医生的指导下口服氨茶碱、双氢克脲噻，并限制饮水量，同时立即送病人去医院救治。

（十二）心跳骤停

心跳骤停又称"猝死"，是心脏突然停止跳动而使血循环停止。这可导致重要器官如脑严重缺血、缺氧，并最终使患者死亡。

1. 急救方法

千万不要坐等救护车的到来，要当机立断进行心肺复苏。

（1）叩击心前区：握拳，用拳底部小鱼际多肉部分，离胸骨 20 ～ 30 厘米处，瞄准胸骨中段上方，突然、迅速地捶击一次。若心脏未重新搏动，应立即做胸外心脏按压，同时做口对口人工呼吸。心肺复苏时，患者背部应垫一块硬板。

（2）观察瞳孔：若患者的瞳孔缩小（这是最灵敏、具有意义的生命征象），说明抢救有效。

（3）针刺法：针刺人中穴或手心的劳宫穴、足心涌泉穴，也能起到抢救作用。

（4）防窒和降温：清理患者口、咽部的呕吐物，以免堵塞呼吸道或返流入肺,引起窒息和吸入性肺炎。用冰袋冷敷额部降温,并立即送医院救治。

（十三）心绞痛

心绞痛由心肌缺血引起,多见于 40 岁以上中、老年人,男性多于女性。频繁发作时应警惕心肌梗塞。

1. 症状

心绞痛常发生在劳累、饱餐、受寒和情绪激动时,典型表现为胸骨后突然发作的闷痛、压榨痛,而且疼痛可以向右肩、中指、无名指和小指放射。甚者还可能有心慌、窒息,有时伴有濒死的感觉。发作多持续 1~5 分钟,很少超过 15 分钟。不典型者,仅有上腹痛、牙痛或颈痛。

2. 急救措施

（1）给服硝酸甘油片:立即让患者停止一切活动,坐下或卧床休息。舌下含化硝酸甘油片,1~2 分钟即能止痛,且可持续作用半小时。也可将亚硝酸异戊酯在手帕内压碎并深深嗅之,10~15 秒即可奏效。本类药物有头胀、头痛、面红、发热的副作用,高血压性心脏病患者应忌用。

（2）点内关穴:若现场无解救药,指掐内关穴也可起到急救作用。

（3）送入医院:休息片刻,待疼痛缓解后再送医院检查。

（十四）心肌梗塞

当心肌的营养血管完全或近乎完全阻塞时,相应的心肌由于得不到相应的血液供应而坏死,就是心肌梗塞。

1. 症状

心肌梗塞主要表现是胸痛,和心绞痛相似,但更为剧烈,而且疼痛持续的时间较长,往往可达几小时,甚至 1~2 天,甚者可波及左前胸与中上腹部。或伴有恶心、呕吐和发热等。严重的可发生休克、心力衰竭和心律失常,甚至猝死。

2. 急救措施

(1)立即休息:心肌梗塞急性发作时应立即卧床休息,大小便也应在床上进行,还要尽量少搬动病人。室内必须保持安静,以免刺激患者,加重病情,并立即与急救中心取得联系。

(2)头低足高放置:若发现患者脉搏无力,四肢不温,应轻轻地将病人头部放低,足部抬高,以增加血流量,防止发生休克。若并发心力衰竭、憋喘、口吐大量泡沫痰以及过于肥胖的患者,头低足高位会加重胸闷,一般应取半卧位。

(3)及时给药:让患者含服硝酸甘油、消心痛或苏合香丸等药物。烦躁不安者可服用安定等镇静药,但不宜多喝水,而且还应禁食。

(4)吸氧保暖:解松领扣、裤带,吸氧;注意保暖。

(5)进行心脏复苏术:患者心脏骤停时,应立即做胸外心脏按压和人工呼吸,而且中途不能停顿,必须一直持续到医院抢救。

(十五)咯血

咯血一般是由肺结核、支气管扩张、肺部肿瘤和心脏病引起的。

急救措施:

(1)做好护理:让患者取侧卧位,头侧向一方,嘱其不要大声说话,也不要用力咳嗽,在注意保暖的情况下,用冷毛巾或冰袋冷敷胸部以减少咯血。出血量多的可用砂袋压迫患侧胸部,限制胸部活动。一般应在咯血缓解后再送患者到医院治疗,否则运送途中的颠簸会加重病情。

(2)服药:口服三七粉、安络血或云南白药,必要时服镇静药。

(3)防止窒息:大咯血常造成窒息,要嘱咐患者把血吐出,以免血块堵住气管。若患者在咯血,突然咯不出来,张口瞪目、烦躁不安,不能平卧、急于坐起,呼吸急促、面部青紫和喉部痰声辘辘,这说明发生了窒息。有些患者还会自己用手指指着喉部,示意呼吸道堵塞。此时应迅速排除呼吸道凝血块,恢复呼吸道畅通。

（十六）吐血

吐血可能显示出严重的情况,如腹部受伤,肝病,血凝结问题以及滥用酒精或者药物。

不管何时只要病人吐血,立刻寻求医疗帮助。及时采取行动将保护病人的健康和预防长期的疾病。

1. 急救前的检查

（1）呕吐物看上去像咖啡渣。

（2）胸部或者腹部有伤。

（3）使用血液稀释剂。

（4）腹部肿胀或者僵硬。

（5）反胃。

（6）发烧。

（7）呼吸短促。

（8）感到头昏或者虚弱。

（9）皮肤苍白、湿冷。

（10）失去知觉。

2. 急救措施

（1）检查病人的基本生命状况,并且根据情况进行必要的治疗。拨打急救电话。

（2）为了防止休克,把病人放在抬起的腿上（这将阻止血流到大脑和心脏）,并且用一条毯子或者衣服来保持他的体温。如果怀疑是休克的话,不要移动病人。准备一个容器,如提桶或者罐子和一件湿的衣服在旁边。把病人左向放置,这将防止进一步的呕吐并且让液体从他的嘴里流出。不要提供药物给一个吐血的病人,除非有医生的指导。

（3）不要给病人食物或者水。让病人平静下来,并且留在他身边,直到紧急医疗服务中心工作人员的到来。

（十七）带血的排便

我们也许不喜欢检查粪便,但定期检查类便是明智之举。这样的话许多问题,如出血,能被较早发现。

大便出血是身体内部有病或者受伤的标志。多数出血的原因不严重(例如痔疮)并且治疗起来很容易。可以通过咨询医生来帮助病人。这对确定大便出血的来源很重要。

1. 急救前的检查:

（1）大便中混合有暗红色的血。

（2）大便上覆盖着鲜红色的血。

（3）黑色的大便或者便秘。

（4）有受伤的证据。

（5）腹部有瘀伤。

（6）用血液稀释剂。

（7）腹部疼痛。

（8）腹部肿胀或者僵硬。

（9）恶心和呕吐。

（10）呼吸短促。

（11）头昏眼花和虚弱。

（12）苍白、湿冷的皮肤。

（13）失去知觉。

2. 急救措施

（1）检查病人的基本生命状况,并且根据情况进行必要的治疗。

如果出现以下情况,立刻拨打急救电话:

▶在大便中突然大量出血。

▶腹部疼痛严重或者不能减退。

▶腹部肿胀或者僵硬。

▶有发烧、持续呕吐或者腹泻的症状。

（2）病人感到虚弱或者失去知觉时，为了防止休克，把病人放在抬起的腿上（这将阻止血流到大脑和心脏）并且用一条毯子或者衣服来保持他的体温。

（3）呕吐可能发生在任何时候，因此要准备一个容器，如提桶或者罐子和一件湿的衣服在旁边。把病人左向放置，这将防止进一步的呕吐并且让液体从他的嘴里流出。不要给一个有可能内部出血的人提供药物、灌肠剂或者放松对他的看护，除非有医生的指导。让病人平静下来，并且留在他身边，直到急救中心工作人员的到来。

（4）如果情况不是很紧急，一定要按照医生的指导做。出血的来源一定要确定。

（十八）带血的尿液

尿中有血不是那么容易被察觉。当尿中带血时当能看见红色的尿，或者可能是棕黑色的，如果血比较少，可能会呈烟状浑浊不清。

血尿可能有多种原因：有些原因是轻微的（如激烈的运动）；还有些原因较为严重（如肾脏疾病，腹部受伤或者膀胱瘤）。

不论什么时候在尿液中看到血，都要寻求医疗帮助。确定出血的来源很重要，不管它是不是轻微的。迅速的行动将帮助保护病人的健康。

1. 急救前的检查

（1）在尿液中有鲜红色的血。

（2）尿液看上去像可乐。

（3）尿液中有烟状浑浊不清的现象。

（4）腹部有瘀伤或者伤口。

（5）使用血液稀释剂。

（6）腹部疼痛。

（7）腹部肿胀或者僵硬,后背或者膀胱疼痛。

（8）反胃。

（9）脸部,踝骨,或者两者都有出汗的症状。

（10）发烧。

（11）呼吸短促。

（12）头昏眼花以及身体衰弱。

（13）皮肤苍白、湿冷。

（14）失去知觉。

2. 急救措施

（1）如果情况严重,尿液中有大量出血,检查病人的基本生命状况,并且根据情况进行必要的治疗。拨打急救电话或者送去急救室。为了防止休克,把病人放在抬起的腿上(这将阻止血流到大脑和心脏)并且用一条毯子或者衣服来保存他的体温。

（2）如果怀疑是休克的话,不要移动病人。呕吐可能发生在任何时候,因此要准备一个容器,如提桶或者罐子和一件湿的衣服在旁边。

（3）把病人左向放置——这被称为安全位置。这将防止进一步的呕吐并且让液体从他的嘴里流出。

（4）不要提供任何药物给病人,除非有医生的指导。

（5）让病人平静下来,并且留在他身边,直到"急救助中心"工作人员的到来。

（6）如果出血情况不严重,一定要听从医生的指导做。出血的来源一定要确定。

（十九）酗酒

酗酒是造成严重伤害和事故的重要原因。酒精是一种镇静剂,这意味着它会放慢或者妨碍一个人的反应力、协调力、思考和判断力。尽管酒精消费是一个早已被社会接受的习惯,酒精是一种药物,酒精过量可能会造成晕眩,呼吸可能停止,另外神经中枢可能被破坏。

帮助一个过度酗酒的人会是一个挑战,因为他可能是好斗的或者不负责任的。不过,你的急救依然会给病人很大的帮助,帮助他避免长期依赖酒精。

1. 急救前的检查

(1)在呼吸或者衣服中是否有强烈的酒精味道。

(2)蹒跚的或者不稳的步态。

(3)反应缓慢,说话含糊。

(4)深入有力的呼吸可能变浅。

(5)快而微弱的脉搏,出汗、发红的脸。

(6)恶心加呕吐。

(7)不寻常或者不合理的行为。

(8)人容易困倦。

(9)意识不清。

2. 急救措施

(1)检查病人的基本生命状况,并且根据情况进行必要的治疗。

(2)接触病人的伤口。这可能是困难的,因为醉的人不感到疼痛。避免移动病人如果猜测是脊椎受伤。如果病人躺倒,把他转到左边,防止他进一步呕吐,阻止液体从嘴巴流出。守护着病人,直到紧急医疗服务中心的人员赶到。安慰并让病人安心,帮助他平静下来。

(3)始终病人是否有行为的变化。如果他变得暴躁不安,就不要和病人呆在一起。你必须也考虑到自己的安全。到安全的地方去,并且打电话叫警察来。

(4)确定病人是否也服用了含酒精的药物。在病人身上或者旁边寻找空的瓶子或容器。把药物和酒精混合是非常危险的。如果你猜测有这种情况发生,一定要打电话给急救中心。

如果病人有时候感到身体外面冷,体温降低,把病人移到一个温暖的地方(除非他不能呼吸或者脊椎受伤),脱去身上潮湿的衣服,并且用温暖的毯子裹住他。

要知道病人在连续饮酒后 12 ~ 24 小时酒精才会消退。他可能有颤抖或者不能吃东西或者睡觉的状况。如果发生了,那么去寻求医疗建议。强烈的精神狂乱(DTs)或者连续饮酒 2 ~ 5 天后有可能发生古怪的痉挛。强烈的精神狂乱的标志是发烧、方向知觉的丧失、严重的颤抖,并且有幻觉。如果你看到这些症状中的任何一种,请立刻拨打急救电话。

(二十)哮喘发作

哮喘这种症状会经常发生,它影响气管和肺之间运送空气的能力。当一个哮喘病人被某种特定物质刺激(如油烟,冷空气,或者污染),他的气管将变得肿胀和多种不适,阻塞空气的流动,并且使呼吸困难。

许多哮喘发展缓慢,因此药物就能阻止它们。如果发作变快而且不能被正确治疗,它可能会变得很严重并且潜在地威胁到生命。幸运的是,多数严重的哮喘能被及时和正确的行动所治疗。

现在人们能越来越多地从哮喘的一再发作中学习阻止发作方法。例如,使用顶点流表,这是一个重要的预防性工具,它能测量空气从肺中呼出的最大速度。这种仪表帮助记录呼吸中轨迹的改变,并且能在较早的阶段发出可能有哮喘发作的信号。

1. 急救前的检查

(1)轻微到中度的发作的检查:

▶呼吸困难,速度超过平常。

▶呼气的能力降低。

▶喘息。

▶胸部僵硬。

▶鼻孔有发烧的感觉。

▶干咳。

▶脉搏加速。

▶苍白的、湿冷的皮肤。

▶焦虑、呕吐、发烧。

▶困倦,注意力不集中。

▶减少了的顶点流速(空气从肺中呼出的最大流速,由病人的顶点流表测量显示)。

(2)严重的发作的检查:

▶哮喘药物没有反应或者需要超过每 4 小时一次的剂量。

▶蓝色的皮肤(是血液中缺氧的标志)、快速的脉搏(每分钟超过 120 次)、呼吸变得困难而且听不见(这意味着病人不能运送足够的空气)

▶咳嗽、无力。

▶顶点流速低于病人个人最大的 50%(由病人的顶点流速仪表测量显示)。

▶虚脱和神智不清。

2. 急救措施

(1)轻微到中度的发作的急救措施:

▶检查病人的基本生命状况,并且根据情况进行必要的治疗。让病人平静,松解衣服,摘除项链和任何其他的珠宝。经常有哮喘的人有医生给出的处理哮喘发作的措施。询问病人如果有的话,就按照指导做。

▶询问病人有关哮喘的药物。如果可以拿到,给病人四次喷剂,每分钟一次(最多是 8 次),以减少症状。药物将帮助通畅气管,呼吸将变得容易。

▶如果药物没能减轻症状,请拨打急救电话。避免把医生没有开过的药物提供给病人。

▶如果是病人第一次发作,而且身边没有药物可以利用,请拨打急救电话。在等待医护人员到来的时候,继续让病人平静。

焦虑和压力会加重病情。当医护人员到来后,把病人认为是治疗他哮喘发作的药物给医生看,确定是什么引起了哮喘发作。这对防止进一步的哮喘发作很重要。

（2）严重的发作的急救措施:

▶不要拖延施救。请立刻拨打急救电话。给病人注射肾上腺素,如果可以,请遵医嘱。

▶询问病人是否有处理严重的哮喘发作的行动计划,如果有的话,就按照指导做。询问病人是否有哮喘药,如果有,给病人四次喷剂,每分钟一下（最高 8 下）,从而减轻症状。药物将使气管畅通,让呼吸变得容易。

避免把医生没有开过的药物提供给病人。在等待医护人员到来的时候,要让病人感到舒服。焦虑和压力会加重病情。当医护人员到来后,把病人认为是治疗他哮喘发作的药物出示给医生看。确定是什么引起了哮喘发作。这对防止进一步的哮喘发作很重要。

（二十一）糖尿病

胰岛素是一种把食物分解成血糖的激素,它被作为身体的燃料使用。有糖尿病的人不能产生足够的胰岛素或者没有能力使用身体产生的胰岛素。结果,对他们而言要控制住血糖（葡萄糖）含量在正常的水平是一件很难的事。其他的一些方法,包括食物,胰岛素注射和口服的药物,被用来把胰岛素水平控制在安全水平上。

但即使在一些很注意自己糖尿病的人身上,紧急情况比如低血糖（血糖过低）或者高血糖（血糖过高）也有可能发生。低血糖可能是由于胰岛素吸收的改变,活动量上的改变,或者饮食习惯的改变而发生的。高血糖可能是由于不合理的饮食结构,错过了注射或者口服胰岛素,抑或是受到了感染而发生的。

糖尿病紧急情况可能非常严重,但多数在它们早期阶段能够被预防或是得到扭转。你可以通过辨别症状做到这一点——症状的发生可能是突发性的或者是逐渐出现,从而迅速治疗。

1. 急救前的检查

低血糖(血糖过低)急救前的检查:

(1)饥饿。

(2)虚弱,头昏眼花,皮肤苍白,湿冷。

(3)出汗。

(4)脉搏跳动快速或者过激,头脑混乱,易怒,好斗。

(5)身体缺乏协调性。

(6)头痛。

(7)恶心和呕吐。

(8)抽风。

(9)失去知觉。

高血糖(血糖过高)急救前的检查:

(1)极度的干渴。

(2)频繁的小便。

(3)呼吸的味道陌生,有甜味。

(4)疲乏,困倦。

(5)虚弱。

(6)没有胃口。

(7)头痛。

(8)恶心和呕吐。

(9)激动。

(10)腹部疼痛。

(11)皮肤发红、变热。

(12)抽风。

(13)失去知觉。

2. 急救措施

(1)血糖状况不明时,如果病人神志不清,把一小块方糖放在他的舌头下面。检查病人的基本生命状况,并且根据情况进行必要的治疗。

（2）拨打急救电话。

（3）为了防止休克，把病人放下，腿抬起（这将增加心脏和大脑的血量），并在他的身上盖一条毯子或衣服来保温。如果怀疑是脊椎受伤，不要移动病人。

（4）如果病人神志清楚，给病人食物或者含有糖分的饮料（比如果汁、软饮料或者是糖果）。

（5）如果症状在 10 分钟内没有改善，请拨打急救电话，并且根据上面的内容进行必要的治疗。

（二十二）过敏反应

当身体中进入一种外来的物质，人体的自然防御系统（免疫系统）会开始工作，保护人体并破坏入侵的物质。通常，免疫系统不会对无害的物质起反应（例如花粉或者某些食物）。人们对它们过敏，是因为错误地攻击了这些物质，从而造成了过敏反应。

许多东西可能引起过敏反应，包括化妆品、香水、食物、防腐剂、药物、昆虫叮咬、花粉、尘土和宠物的皮屑。

一些过敏反应是温和的；另外一些则是严重的。

过敏性休克是一种严重类型的过敏反应，能够引起气管肿胀，妨碍呼吸的能力。它也会导致危险的低血压。如果不治疗，急性过敏反应会威胁生命，而迅捷的行动则能挽救生命。

1. 急救前的检查

温和的过敏反应急救前的检查：

（1）眼睛痒，且潮湿。

（2）鼻子流鼻水。

（3）打喷嚏。

（4）皮疹。

严重的过敏反应急救前的检查：

（1）脸、脖子、手、脚或者舌头发红。

（2）舌头或者嘴唇肿胀。

（3）麻疹（有起泡的、突起的皮疹）。

（4）胸部或者咽喉僵硬。

（5）呼吸急促。

（6）嘴巴和嘴唇周围的皮肤变蓝。

（7）恶心或者呕吐。

（8）腹部疼痛。

（9）皮肤苍白、潮湿。

（10）焦虑。

（11）喘息或者呼吸困难。

（12）感到虚弱、困倦。

（13）失去知觉。

2.急救措施

温和的过敏反应急救措施：

（1）避免过敏是最好的策略。找出引起过敏的原因，并且让病人好好呆着，清除过敏源。

（2）如果病人的医生建议，可以使用抗过敏的药物（处方药或者非处方药）。这些抗过敏的药物可以治疗比较轻的过敏症状，像眼睛发痒或者流鼻水。

（3）用冷敷可以减轻皮疹发痒的状况。

严重的过敏反应急救措措：

（1）检查病人的基本生命状况，并且根据情况进行必要的治疗。

（2）拨打急救电话，找到有病人过敏病历的卡片。

（3）可以使用肾上腺素包，根据指导注射肾上腺素。

为了防止休克，把病人放在抬起的腿上（这将增加心脏和大脑的血流量），用一条毯子或者衣服保存他的体温。如果病人呼吸困难，不要把病人放在震动的地方。可以让他在一个安静的地方坐着。如果猜测是脊髓受伤，不要移动病人。

（二十三）高空病

高空病是由于在很高的地方氧气不充分而缺氧导致的,通常是超过海拔 2 000 米。它可以通过简单的措施减轻或者治疗,如果很严重,则需要马上采取挽救生命的措施。

有两种严重的高空病的类型:在高处肺部水肿(HAPE),液体在肺部聚积,并且防碍呼吸;在高处脑部水肿(HACE),液体在脑部聚积,引起肿胀和阻碍脑部功能。如果回到海拔低的地方并且加以治疗,多数有严重高空病的人都将痊愈。但如果忽视或不做治疗的话,可能会导致严重的问题。

1.急救前的检查:

轻微的高空病检查如下症状:

（1）头痛。

（2）呼吸短促。

（3）疲劳。

（4）脸、手臂和腿发红。

（5）恶心和呕吐。

（6）失眠。

严重的高空病 HAPE（高空肺部水肿）检查如下症状:

（1）呼吸短促。

（2）呼吸发出润润声和咔嗒咔嗒声。

（3）咳嗽带有粉红色的泡（出血的症状）。

（4）脉搏急促（一分钟超过 100 次）。

（5）嘴巴和嘴唇周围的皮肤是紫色的。

（6）头痛。

（7）胸部僵硬 HACE（高处脑部水肿）。

（8）严重的头痛。

（9）行走困难。

（10）恶心和呕吐,严重的困倦。

（11）幻觉。

（12）神智混乱和过敏。

（13）失去知觉。

（14）昏迷。

2. 急救措施

轻微的高空病急救措施：

（1）让病人休息，给病人水和阿司匹林或者醋氨酚。

（2）确定病人不能抽烟或者喝酒，这些都会产生更严重的症状。

（3）监视病人的情况。如果症状没有改善，他应该下到海拔低的地方，并且立刻去寻找医疗援助。如果症状完全好了，病人可以再一次攀登。

严重的高空病急救措施：

（1）检查病人的基本生命状况，并且根据情况进行必要的治疗。寻求紧急情况医疗照料。立刻帮助病人下到至少不超过 300 米海拔的地方。

（2）让病人静坐，使他容易呼吸。让病人平静下来，并且保持他的体温。

三、意外伤害急救

了解急救知识和学会如何进行急救在极端生存环境下非常关键，因为它可以挽救生命。学会一些基本技能，你就能在发生事故时帮助受害者，直到专业的救援队伍抵达现场。在作业现场，你的帮助可能决定着受助者的生与死。如果处于非常偏远或者非常危险的环境，离医护人员很远，那就更需要了解如何急救。

（一）高空坠落伤

指人们不慎从高处坠落，由于受到高速的冲击力，使人体组织和器官受到一定程度破坏而引起的损伤。

1. 危害

高空坠落时,足或臀着地,外力可沿脊柱传导至颅脑。由高处仰面跌下时,背或腰部受冲击,易引起脊髓损伤。脑干损伤时可引起意识障碍,光反射消失。

2. 急救措施

(1)先除去伤者身上的用具和硬物。

(2)在搬运和转送过程中,应保证脊柱伸直而且不扭转。绝对禁止一个抬肩一个抬腿的搬法,这样会导致或加重截瘫。

(3)创伤局部应妥善包扎,疑为颅底骨折和脑脊液漏患者切忌填塞,以免引起颅内感染。

(4)颌面部伤者首先应保持呼吸道畅通,清除口腔内移位的组织,同时松解伤员的颈、胸部纽扣。若口腔内异物无法清除时,尽早行气管切开。

(5)复合伤伤者,要保持平仰卧位,畅通呼吸道,解开衣领扣。

(6)周围血管伤,压迫伤部以上动脉,直接在伤口上放置厚敷料,绷带加压包扎止血,还要注意不能影响肢体血循环。以上方法都无效时可慎用止血带,并应尽量缩短使用时间,一般以不超过1小时为宜。做好标记,注明扎止血带时间,精确到分钟。

(7)有条件可迅速给予静脉补液,补充血容量。

(8)迅速平稳地送往医院救治。

(二)颅脑外伤

1. 症状

颅脑外伤后多有一段昏迷时间,有的患者不久便会苏醒。

(1)昏迷时间较短。在几分钟到30分钟内清醒的多是脑震荡。有的伤者无昏迷,但对受伤前的事件记忆丧失,医学上称为逆行性遗忘。这类伤员要绝对卧床,并严密观察,因为一部分此类伤员会因颅内血肿压迫脑组织而再度昏迷,这时就需要急诊抢救。因脑水肿而有头痛症状的伤员可给脱水剂治疗。

（2）昏迷不醒。脑挫伤、脑裂伤、颅内出血或脑干损伤,要迅速送往医院治疗。

2. 急救措施

（1）送医院前让伤者平卧,不用枕头,头转向一侧,以防呕吐物进入气管而致窒息。

（2）不要摇动伤者头部以求使之清醒,否则会加重脑损伤和出血的程度。

（3）头皮血管丰富,破裂后易出血,只要用纱布用手指压住即可。

（三）自发性气胸

1. 症状

自发性气胸起病急,病情重,不及时抢救,常可危及生命。无明显外伤而突发越来越严重的呼吸困难,而且胸部刺痛,口唇青紫。青壮年常因大笑、用力过度、剧烈咳嗽而引发,老年人以慢性支气管炎、肺结核、肺气肿患者多见。

2. 急救措施

（1）患者应取半坐半卧位,而且不要过多移动,有条件的情况下可以吸氧。家属保持镇静。

（2）及早在锁骨中线外第二肋间上缘行胸腔排气,这是抢救成败的关键。可将避孕套紧缚在穿刺针头上,在胶套尾端剪一弓形裂口。吸气时,胸腔里负压,裂口闭合,胶套萎陷;呼气时,胸腔呈正压,胶套膨胀,弓形口裂开,胸腔内空气得已排出。同时应争分夺秒送患者去医院救治。

（四）外阴损伤

外阴损伤多由意外跌伤,如会阴骑跨在硬性物件上,或暴力冲撞、脚踢、外阴猛烈落地等引起,主要临床表现为疼痛及出血症状。

急救措施：

（1）出血量不多的外阴浅表损伤，局部清洁，加压止血，并严密观察随访。

（2）出血量较多的外阴深裂伤，应注意局部清洁，加压止血，注射止血剂，并及时送医院处理。

（3）无裂伤的小血肿，应注意加压止血，24小时内局部冷敷，24小时后改热敷。还可用枕垫高臀部，并严密观察血肿情况。经处理后，血肿可逐渐消失。

（4）大血肿且伴继续扩大者，在清洁创口，压迫止血时，可以同时止血补液。

四、重伤及危险情况下的急救

各种突如其来的危险具有难以预测和不可扭转的本性，种种情况都需要及时实施救治。面对灾难，很多人因为缺乏自救和急救知识而惊慌失措，错过了最佳的抢救时间，导致悲剧的发生。我们要有足够的能力来保护自己和实施救助。正确的处理和对待将起到非常重要的作用。想要有效地对伤者或病者实施救治，这需要我们掌握科学的自救与急救知识，及时准确地采取救助措施，帮助伤者缓解疼痛，防止更严重的情况发生，避免后遗症。

（一）出血急救

1. 体外出血

轻伤：

（1）擦伤。这种伤害只是表皮受伤，是由摩擦或磨损造成的，一般流血量较小，如图3-15（a）所示。

（2）挫伤。这种伤口刚刚达到表皮之下，通常是皮肤裂开或淤青，不会大量流血，如图3-15（b）所示。

重伤：

（1）切伤。这是由利器切割造成的伤口，会大量流血，尤其是如果切到了动脉,往往很危险,如图 3-15(c)所示。

(2)撕伤。这种伤口形状不规则,一般是被截破的,严重的情况下会大量流血,如图 3-15(d)所示。

(3)刺伤。这种伤口面积小却很深,很难止血,尤其是伤口里仍残留刺穿物时,可能带来严重的甚至威胁生命的体内出血现象,如图 3-15(e)所示。

(4)穿孔伤。这种伤口是由某种利器直接穿透身体某一部位造成的,如尖刀、枪弹等。如果击穿了动脉,就会引发严重流血现象,如图 3-15(f)所示。

这些伤口都很容易感染。擦伤、挫伤和撕伤的伤口感染很容易发现,也比较容易处理。刺伤和穿孔伤的伤口很容易发生严重感染,如破伤风或气性坏疽等,比较危险。

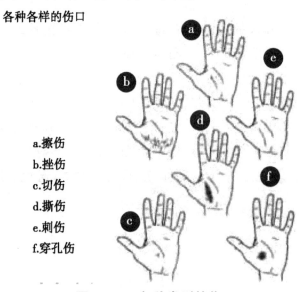

各种各样的伤口

a.擦伤
b.挫伤
c.切伤
d.撕伤
e.刺伤
f.穿孔伤

图 3-15　各种类型的伤口

止血措施:

人体内大约有 5 升血液。如果动脉被割破,血液就会在心脏收缩的压力下喷涌而出,通常按心脏的跳动频率喷出。从动脉血管流出的血液颜色是鲜红的,从静脉血管流出的血液是暗红色的。

少量流血。少量流血的情况下,血液一般是从毛细血管流出的,通常是慢慢往外渗出或滴出,所以血流量不大,不会有很大危险。

动脉出血。动脉出血属于紧急事故。如果急救人员没有及时处理,伤者就会大量失血,导致血液循环停止(出现休克现象),大脑和心脏供血不足,带来致命危险。一般情况下,动脉破裂的血流量往往比血管彻底断裂时的血流量小。

要止住动脉出血,首先应该做的一件事就是确保伤者呼吸顺畅。当看到伤者动脉出血时,必须立即按住伤口。

止血方法如下:

(1)用手或手指直接按压伤口。

(2)如果伤口很大,轻轻地将伤口压合。

(3)找出身边最适合止血的工具,如把一块干净的手帕折叠起来就是很好的止血工具。

(4)如果是伤者的四肢受伤流血,必须将流血的肢体抬高,如果伤者有骨折迹象,在处理伤口时必须非常小心。

(5)如果通过直接按压伤口的方法止住了伤口流血,接着在伤口周围涂上有消毒、清洁作用的敷料剂。

(6)用棉垫或纱布覆盖伤口。

(7)用绷带将伤口包扎好。

静脉出血。静脉血液流动较缓慢,所以静脉出血没有动脉出血严重,但如果是大静脉出血,血液也会喷涌而出,如曲张静脉或者任何一个深部主静脉受伤都可能导致大量出血。

绷带必须足够牢固以防止血液流出,但是也不能太紧而阻碍了血液循环。检查伤者体内的血液循环:看伤者是否有脉搏,或按压受伤手臂的指甲直到它变白为止,当松开时指甲应该呈粉红色。若血液循环不正常,松开手时指甲则仍然呈白色或青色且指尖感觉冰凉。如果伤者手臂受伤,也可以通过检查手腕的脉搏来确定伤者血液循环是否正常。

如果伤口仍透过纱布向外渗血,不要揭开纱布,否则会破坏刚刚形成的血凝块,导致更严重的出血。此时,应该拿一块更大的棉垫或纱布覆盖在原来的纱布上,再用绷带牢固包扎。

如果直接按压伤口并用纱布和绷带包扎后仍不能使伤口止血,甚至出血更严重的话,必须按压通向伤口的动脉。

清除伤口异物:

必须仔细清洗伤口上的脏物和各种异物,如果伤口里有体积较大的异物,暂时不要动它。

不要试图从很深的伤口里取出异物,否则可能引起更严重的出血。

2. 体内出血

体内出血通常很难发现,所以发现伤者伤势很严重时必须对他作仔细检查,如在交通事故中受伤或大腿骨折时。

1)体内出血的症状

(1)嘴巴、鼻子或耳朵等处出血。

(2)伤者身体肿胀、肌肉紧张。

(3)身体呈乌青色。

(4)伤者显得情绪不安。

(5)伤者出现休克症状。

2)包扎方法:

包括三角巾包扎和毛巾包扎法。可以用来保护伤口,压迫止血,固定骨折,减少疼痛。

(1)三角巾包扎法。伤口封闭要严密,以防止污染,包扎的松紧要适宜,固定要牢靠。具体操作可以用28个字表示:边要固定,角要拉紧,中心伸展,敷料贴紧,包扎贴实,要打方结,防止滑脱。

包扎部位有头部、面部、眼睛、肩部、胸部、腹部、臀部、膝(肘)关节、手部。

使用三角巾包扎要领:

快——动作要快。

准——敷料盖准后不要移动。

　　轻——动作要轻,不要碰撞伤口。

　　牢——包扎要贴实牢靠。

　　（2）毛巾包扎法。毛巾取材方便,包扎法实用简便。包扎时注意角要拉紧,包扎要贴实,结要打牢,尽量避免滑脱。

　　头部帽式包扎法:

　　毛巾横放在头顶中间,上边与眉毛对齐,两角在枕后打结,下边两角在颌下打结。

　　面部包扎法:

　　毛巾横盖面部,剪洞露出眼、鼻、口,毛巾四角交叉在耳旁打结。

　　单眼包扎法:

　　用折叠成"枪"式的毛巾盖住伤眼,毛巾两角围额在脑后打结,用绳子系毛巾一角,经颌下与健侧面部毛巾打结。

　　单臀包扎法:

　　将毛巾对折,盖住伤口,腰边两端在对侧髂部用系带固定,毛巾下端再用系带绕腿固定好。

　　双臀包扎法:

　　将毛巾扎成鸡心式放在两侧臀部,系带围腰结,毛巾下端在两侧大腿根部用系带扎紧。

　　膝(肘)关节包扎法:

　　将毛巾扎带形包住关节,两端系带在肘(膝)窝交叉,在外侧打结固定。

　　手臂部包扎法:

　　将毛巾一角打结固定于中指,用另一角包住手掌,再围绕臂螺旋上升,最后用系带打结固定。

　　双眼包扎法:

　　把毛巾折成鸡心角,用角的腰边围住伤者额部并盖住两眼,毛巾两角在枕后打结,余下两角在枕后下方固定。

　　下颌兜式包扎法:

　　将毛巾折成四指宽,一端扎系带一条,用毛巾托住下颌向上提,系带与毛巾的另一端在头上颞部交叉并绕前在耳旁打结。

单肩包扎法:

将毛巾折成鸡心角放在肩上,在角的腰边穿系带在上臂固定,前后两角系带在对侧腋下打结。

双肩包扎法

毛巾横放背肩部,两角结带,将毛巾两下角从腋下拉至前面,最后把带子同角结牢。

单胸包扎法:

把毛巾一角对准伤侧肩缝,上翻底边至胸部,毛巾两端在背后打结,并用一根绳子再固定毛巾一端。

双胸包扎法:

将毛巾折成鸡心状盖住伤部,腰边穿带绕胸部在背后固定,把肩部毛巾两角用带系作 V 字形在背后固定。

腹部包扎法:

在腰带一旁打结;毛巾穿带折长短,短端系带兜会阴;长端在外盖腹部,绕到髂旁结短端。

足部靴式包扎法:

把毛巾放在地上,脚尖对准毛巾一角,将毛巾另一角围脚背后压于脚跟下,用另一端围脚部螺旋包扎,呈螺旋上绕,尽端最后用系带扎牢。

(二)心脏病

一旦冠状动脉的一个分支被阻塞,由被阻塞的分支提供血液的心肌便会坏死,这种情况下会引发心脏病。如果坏死面积很大的话,可能会导致患者死亡;如果坏死面积很小,患者就有可能恢复健康。在后一种情况下,坏死的肌肉将被瘢痕组织取代,心脏的功能也因此相应减弱。虽然有些人经过几次心脏病发作最后都幸存下来,但是他们的心脏已经严重衰竭了。

1.心脏病的症状

(1)胸部中间突然出现急速的疼痛感。

（2）疼痛蔓延到手臂、背部和喉咙。

（3）患者濒临死亡，眩晕或昏倒，身体往外冒汗。

（4）肤色苍白。

（5）身体虚弱，脉搏跳动快速且无规律（正常的脉搏是每分钟 60~80 次）。

（6）没有呼吸。

（7）失去意识。

（8）心搏可能停止跳动。

除非情况紧急，否则不要让患者移动，这会给心脏带来不必要的劳累。

不要让患者吃任何食物。

2. 心脏病发作时的急救措施

（1）让神志清醒的患者半躺在椅子上，肩膀和膝盖靠在椅子的扶手上。

（2）安抚患者、使患者身体放松。

（3）寻求帮助，让现场其他人打电话叫救护车。呼叫者必须说清楚患者心脏病发作时的症状。

（4）解开患者脖子、胸部和腰上紧束的衣物。

（5）检查患者的脉搏和呼吸。

（6）如果患者昏迷了，使其处于最有利于恢复呼吸的状态。并坚持不断地检查他的脉搏和呼吸。

（7）如果患者呼吸停止，急救人员必须对他实施嘴对嘴的人工呼吸。

（8）如果患者心跳停止，急救人员必须对他实施胸部按压。

（三）休克

休克是指人体血管里没有足够的血液或者是心脏输出血液量不够多，以至于无法支持正常血液循环。以上两种情况均会导致人体内血压下降，无法为身体的一些重要器官，尤其是大脑、心脏和肾脏等提供足够的氧气作为动力,使它们无法正常工作甚至彻底停止工作。此时,身体为了这些重要器官,可能会关闭通往其他一些不是很重要的身体部位(如皮肤和肠道)的动脉通道,但这也是有一定极限的,治标不治本。休克是非常危险的症状,如果不及时抢救,伤者会在短时间内有生命危险。

1. 休克的原因

(1)失血过多。不论是体外失血还是体内失血,如脊柱受伤或体内组织受伤导致的失血,都会导致休克。如果失血过多,会减少向身体某一部位输送的血液量,导致该部位的血管内血液量不足。一般都是动脉出血会引发这样的结果。

(2)长时间呕吐或腹泻造成的体液流失。这种体液可能来自于体内血液,从而减少了体内血液总量。

(3)烧伤。大量的体液从体表流失或形成了水疱。

(4)感染。严重的血液感染会导致血管扩张,使血液里的液体流失到身体组织里。

(5)心脏衰竭。如果心脏衰竭就无法继续保持人体正常的血液循环了。

2. 休克的症状

(1)由于皮肤中的血管被"关闭"了,所以伤者皮肤呈白色且冰冷。

(2)由于心脏试图保持体内循环系统的运作,所以伤者脉搏跳动迅速。

(3)由于心脏跳动无力,所以脉搏微弱。

(4)由于对大脑和肌肉的血液供应减少,所以伤者有眩晕和虚弱的感觉。

(5)由于血液里没有足够的氧气,所以伤者呼吸非常困难。

(6)由于血液里的液体流失,所以伤者感觉非常口渴。

(7)由于向大脑提供的血液量减少,伤者可能会出现昏迷现象。

3. 急救目标

急救人员要做的工作就是采取措施防止伤者出现更严重的休克现象,使伤者能够有效利用可获得的有限血液进行血液循环。

4. 如何防止伤者出现更严重的休克现象

（1）急救人员亲自或让现场的其他人打电话叫救护车。

（2）让伤者平躺在地板上。使头部一端处于较低的位置,利用地心引力帮助血液流向大脑,尽量不要让伤者移动,降低心跳频率。

（3）为伤口止血。

（4）安抚伤者。

（5）解开紧绑在伤者身上的衣物。

（6）将外套或毛毯折叠后放在伤者腿下,抬高腿部位置。让血液流向心脏。

（7）用一件外套或一条毛毯盖在伤者身上。

（8）大约每 2 分钟检查一次伤者的脉搏和呼吸。

除非遇到特殊情况,否则不要移动伤者,以免加重伤者休克程度。

不要让伤者进食,不要让伤者吸入烟雾,不要用热水袋等给伤者取暖。这样做会使血液从身体的主要器官流向皮肤。

如果伤者想要呕吐,或者出现呼吸困难、昏迷等现象,应使伤者处于最有利于恢复呼吸的状态。

如果伤者停止了呼吸,急救人员应立刻对他实施人工呼吸,有必要的话可以同时对伤者实施胸部按压。

（四）体温异常

人体本身有很好的调节体温的机制,正常情况下都能将人体内部的温度控制在一定范围内。但是如果人体长时间处于很高或很低的温度下,体内的温度调节机制可能无法继续将人体的温度控制在正常范围内。这便会使人体体温出现过高或过低的异常现象,如出现中暑或体温过低现象。

1. 中暑

中暑是由于患者长时间暴露在高温下导致人体内的温度调节机制失灵造成的。人体体温从正常的 37℃ 上升到 41℃ 或者更高。此时,要想挽救患者的生命就必须尽快采取措施降低患者的体温。

中暑的症状:

(1)患者感觉无力、眩晕。

(2)患者抱怨太热并感觉头痛。

(3)患者皮肤干燥、发热。

(4)患者脉搏跳动迅速而有力。

(5)患者神志不清。

(6)患者出现昏迷症状。

中暑的急救措施:

(1)寻求医疗救助并向对方说明事故详情。

(2)使患者处于半躺半坐姿势。

(3)脱去患者的所有衣物。

(4)用冰凉的湿布包裹患者。

(5)不断用凉水泼洒包裹在患者身上的布,使布保持潮湿。

(6)对着布扇风、使水气蒸发,加速降低患者的体温。

(7)当患者的皮肤变凉或者温度下降到 38℃ 时停止以上急救措施。

(8)小心患者体温可能会回升,有必要时重复步骤(4)~(6)。

如果患者昏迷,使其处于利于恢复呼吸的状态后再为其降温。然后检查患者的呼吸和脉搏。

中暑衰竭:

中暑衰竭是由于人体内的水分或盐过分流失导致的。中暑衰竭有以下症状:

(1)皮肤苍白、湿冷。

(2)身体虚弱。

(3)眩晕。

(4)头痛。

（5）恶心。

（6）肌肉痉挛。

（7）脉搏跳动迅速。

（8）呼吸微弱而急促。

中暑衰竭的急救措施：

（1）让患者平躺在阴凉的地方。

（2）抬高患者的双腿，如图3-16所示。

（3）让患者不断喝淡盐水（按1升水放半汤匙盐的比例），直到患者的情况有所好转。

（4）打电话寻求医疗救助。

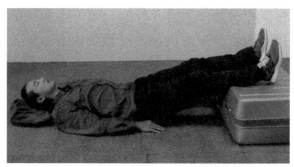

图 3-16　中暑衰竭的急救措施

如果患者昏迷，使其处于最利于恢复呼吸的状态，然后打电话叫救护车。

2. 体温过低

体温过低是指人体体温下降到正常体温 37℃ 以下。如果因吹冷风等原因使温度不停地下降，那么人体就无法自行产生热量（如身体颤抖保持体温）。老年人或比较虚弱的人，尤其是瘦弱、劳累和饥饿的人待在温度很低或没有保暖设备的屋子里就容易发生体温过低现象。

体温过低的症状：

（1）患者身体一开始会颤抖，然后就不再颤抖。

（2）患者皮肤冰冷、干燥。

（3）患者脉搏跳动缓慢。

（4）患者呼吸频率很低。

（5）患者体温下降到 35℃以下。

（6）一开始患者会昏昏欲睡，然后出现昏迷现象。

（7）患者可能出现心跳停止现象。

急救目标：

急救人员的主要目标就是尽快让患者的身体暖和起来。即使患者看起来已经没救了，也不要放弃采取急救措施。人体体温过低不会导致大脑在短时间内缺氧，所以此时患者存活的概率比一般情况下心搏停止的存活概率大。

在野外对体温过低的患者实施急救的方法：

（1）寻找医疗救助。

（2）尽快将患者带到室内或能避风的地方。

（3）用睡袋或其他隔热物盖住患者。

（4）和患者躺在一起，用自己的体温温暖患者。

（5）检查患者的体温。

（6）检查患者的脉搏。

（7）在条件允许的情况下，为患者提供一些热的食物和饮料。

在室内对体温过低的患者实施急救的方法：

（1）寻找医疗救助。

（2）如果患者神志清醒且没有受到其他伤害，就直接将他放到温暖的床上，用被子将患者头部（非面部）盖住。

（3）为患者提供一些热的食物及饮料。

如果患者已经昏迷，急救人员应该对他实施嘴对嘴的人工呼吸和胸部按压。不要擦拭患者的四肢或让患者做大量运动。

不要让患者喝酒，因为酒精有散热作用。

不要让患者泡进热水里或用热水袋取暖。这样做会让血液从人体的主要器官转移到皮肤表层的血管里。

（五）冻伤

冻伤非常危险，因为它会冻结人体内的血管，阻断被冻部位的血液流通,最后导致被冻部位发生坏疽。

冻伤的急救措施:

(1)将伤者转移到能避风的地方。

(2)用40℃的温水浸泡伤者被冻伤的部位。

(3)送伤者去医院接受医疗诊断。

身体凸出的部位,如鼻尖、手指头和脚指头等最容易发生冻伤。被冻伤的身体部位一开始会变冷、变硬、发白,然后就会发红、肿胀。

应该避免把冻伤的部位一直浸泡在水里,也不要去搓揉。

第四章 现场处置技术要点

第一节 绳索基础理论

一、坠落与防坠

（一）坠落风险

坠落风险是在绳索技术救援过程中自始至终都需要密切关注的问题。通常情况下，坠落的严重情况取决于以下因素：

（1）操作人员的重量，包括其携带的装备。重量越大，坠落时需要被消除的能量越多。

（2）坠落高度。坠落距离越大，坠落时需要被消除的能量越多；同时，撞击障碍物的可能性也越大。

（3）与固定点的相对位置。当操作人员移动到高于固定点位置时，潜在坠落的严重性增大。

（二）坠落系数

坠落系数（Fall Factor，FF），也叫冲坠系数，代表着一次坠落的强度，用以描述操作人员与固定点的相对位置以及坠落严重程度。坠落系数越大，坠落强度也就越高。它的理论数值通常在 0 ~ 2 之间，计算方法为坠落高度除以有效绳长，即

$$坠落系数 = 坠落高度 / 有效绳长$$

坠落系数及其影响对于制订救援方案、应用绳索实施救援作业非常重要。只有充分了解坠落系数的影响才能更准确地选取适当的装备，并在潜在风险不可接受时寻找替代方式。

图4-1显示了救援人员系缚于一条结实的水平锚点绳索三处不同位置的坠落风险。图4-1中c显示坠落系数2的情境（FF=2），图4-1中b显示坠落系数1的情境（FF=1），而图4-1中a显示极低的坠落系数情境（FF几乎为0）。图4-1中显示的坠落系数的计算同样适用于使用其他锚点系缚方法的情况，例如通过吊索连接至一个固定在砖石结构或垂直锚点绳索上的锚点装置。

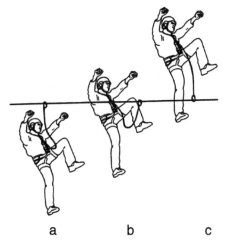

图4-1　坠落系数示意图

a-非常低的坠落系数（几乎为0）；b-坠落系数为1；c-坠落系数为2

如果救援人员通过一条长1m的绳索连接至一个锚点，确保绳系缚点与锚点在同一水平位置（图4-1中b），则潜在的坠落距离为1米（不考虑绳索的延展性）。下坠的距离（1米）除以防坠绳索的长度（1米），得到坠落系数为1（1/1=1）。

使用同样长度的绳索，如果救援人员从锚点的高度往上攀爬至绳索容许的最大高度（图4-1中c），则潜在坠落距离为2米，绳索的长度依旧为1米（不考虑绳索的延展性），坠落系数为2

（2/1=2）。

虽然图 4-1 中 b 与 c 的绳索长度相同,但是坠落的距离明显不同,因此结果也不同。图 4-1 中 c（FF= 2）救援人员与锚点所受到的冲击力明显比 b（ FF =1）要高出很多,同时与地面或构造物的潜在碰撞力也要大很多。

如果救援人员处在图 4-1 中 a 处,那么坠落的后果则比从 b 与 c 处坠落的后果的严重程度要低得多。下坠过程非常短暂,对救援人员与锚点的冲击力很小,因此救援人员落在构造物或地面的可能性最低,与构造物或地面碰撞的力量也很小。

坠落系数的计算有时候并没有表面上看来那么显而易见。在某些情况下,潜在下坠的距离与可能受到的冲击力会在未意识到的情况下增加。例如,一般的做法是通过锚点装备(绳环、扁带、吊索等)围绕锚点并通过一个绳环(扁带环)直接连接或通过吊索连接,随后用作供救援人员使用的挂点。如果救援人员在挂点上方移动(不建议),则挂点会高出其自然悬垂位置(最低位置)(见图 4-2),从而影响潜在的坠落距离。

在图 4-2 描述的情境中,潜在坠落的距离与绳索长度已经没有直接关系,但是和绳索的长度加上从挂点自然悬垂的最低点到所能使用的最高点的距离有关。潜在下坠距离的增加与扁带较差的缓冲吸能特性结合起来就可能对下坠的救援人员产生不可接受的冲击力,从而增加受伤的风险。增加了的潜在下坠距离也会增加救援人员与地面或构造物碰撞的风险。

增加了的下坠距离还可能出现不同于图 4-1 和图 4-2 中描述的情境。例如,如果锚点绳索或锚点吊腕带系缚于构造物上并可以自由滑动,正如系缚到一个晶格构造(不建议)的垂直断面或对角截面(见图 4-3)。除了下坠距离延长,还会出现不当负荷与挂环故障的危险。

图 4-2 挂点升高增加潜在下坠距离

图 4-3 系缚点可以向下滑动增加潜在下坠距离

任何时候都要将坠落系数保持在尽可能低的值,这样在发生坠落时给救援人员带来的冲击力就可以减小到最低,这一点非常重要。如果所有连接部件的长度(例如安全钩加上绳索)保持尽可能的短,并且坠落系数也比较小,例如经常在挂点以下作业,这样救援人员与构造物或地面碰撞的可能性就越小,可能遭受的潜在冲击力也越小。

(三)坠落冲击力

坠落冲击力(Falling Impact Force)是指人体在坠落后至绳索拉停的瞬间,其坠落能量传到绳索及锚点,再回传至人体的能量。坠落冲击力的单位为 kN，1 kN ≈ 100 kg。

以 80 kg 承重（包括操作人员及装备重量）为例说明坠落系数与人体所受冲击力的关系。

假定操作人员所用绳索为静力绳，即没有弹力。

当 FF = 0 时，绳索绷紧，自然承重，80 kg。

当 FF = 1 时，人体所受冲击力为体重的 10 倍，约为 8 kN。

当 FF = 2 时，人体所受冲击力为承重的 20 余倍，达 16 kN。

实验表明，人体所能承受的瞬间最大冲击力为 12kN。事实上，为安全起见，欧洲标准化委员会规定人体在任何时候都不应承受 6 kN 或以上的下坠冲击力（经受过特殊训练的人，能承受 6.4 kN 的冲击力）。美国和加拿大等国规定人体所能承受的最大冲击力为 8 kN。过大的冲击力将导致操作人员重伤或锚点崩坏。

如果一款静力绳标明在 FF=0.3 时，首次冲击力为 5.6 kN，则使用静力绳要尽量避免出现坠落系数大于 0.3 的坠落，也就是说无论任何时候要尽量让操作人员位于挂点或身体连接的锚点之下。而通常情况下，坠落系数超过 1 的情境属于严重错误，是不允许出现的。

过分的冲击力会导致人体或是锚点的损害，所有的防坠落装备的使用和技术措施，都是为了尽可能地减小坠落强度（坠落系数），因为人体在任何时候都不应承受 6 kN 或以上的下坠冲击力。而降低下坠冲击力主要采取以下两种措施：一是降低坠落系数，二是使用缓冲装备。

（四）防坠落装备

在利用绳索进行救援的过程中存在高空坠落的可能性时，需要使用防坠落装备，包含一款合适的全身式安全吊带和一套防坠落系统，以便将冲击力限制在一个可以接受的范围内。

防坠落装备本身并不能避免坠落的发生，而是保障发生坠落后不至于坠落到地面造成重大伤害或死亡。防坠落是进行绳索救援系统方案设计和系统装配要考虑的首要问题。其基本理念是：当佩戴全身防坠落装备，即使在 FF =2 时，也能保障救援人员所受的下坠冲击力在 6 kN 以下，从而保障其生命安全。

进行绳索救援时，如果救援人员和被困人员一起向下冲坠，冲击力将全部作用于救援人员身上；如果救援人员所佩戴的不是防坠落装备，则其所受的伤害将是致命的。当 FF =1 时，救援人员所受的冲击力将达到 20 kN 以上，而 12 kN 已经超出人体的承受极限，这种情况下救援人员是很难存活的，同时锚点也容易崩溃。因而，防坠落技术与装备是极为重要的。

同时，下坠时经受的冲击力不仅取决于坠落系数与下坠距离，还取决于连接部件的特性，尤其是缓冲吸能特性。缓冲吸能特性非常重要，尤其是在高坠落系数情境下。缓冲吸能特性应当保持在一个可接受的水平（各个国家标准不一样）。

绳索缓冲吸能特性较差或潜在下坠距离较高时，有必要考虑配置专用缓冲器，使下坠时救援人员承受的冲击力降至最低。专用缓冲器被激活后，将沿着锚点绳索伸展滑移，使绳索的有效长度增加，从而以较长距离的下坠为代价换来冲击力的降低，但同时也增加了碰撞与受伤的风险。

由于充分利用了防坠系数的特点，某些具有缓冲吸能特性的个人防坠保护装置可以安全使用。与此同时，防坠系数也可以保持尽可能接近零的较低值。可以采用的方式包括：使用低延展性锚点绳索以实现更精确的定位与更高效的上升；在辅助攀爬时使用较短的非延展性连接部件以帮助操作人员保持体能、提高工作效率。因此，最好使用具有较低缓冲吸能特性以及非常低坠落系数的装备，而不是选用高坠落系数、高缓冲吸能特性的装备，使用后者会增加潜在的下坠距离以及与地面或构造物碰撞受伤的风险。

1. 基本概念及负荷要求

最低破断强度（ Minimum Breaking Strength，MBS ）指经由制造商列明的环境中，可以通过一个装备吊起的最大承重。该数据须由制造商测定后载明于装备说明书中。

工作负荷上限（Working Load Limit, WLL）指在实际工作当中，装备允许的最大承重负荷。

安全系数（Safety Factor, SF）为工作负荷上限与最低破断强度的比值，表示工作负荷上限不能超过最低破断强度某整数分之一。通常情况下，纤维类器材的安全系数（SF）为1：10，金属器材的安全系数（SF）为1：5。

最低破断强度用以决定此装备最大可以接受安全范围内的承受力。但现实操作中，操作人员绝对不可使用至最低破断强度的承受力，否则工作时的侧向移动所产生的拉力、少许的坠落系数所引起的坠落冲击力，都可能导致超过最低破断强度。

因此，绳索救援操作中常采用实际工作负荷上限（WLL），其估算方法为

工作负荷上限（WLL）= 最低破断强度（MBS）× 安全系数（SF）

常用绳索救援装备负荷见表4-1。

表4-1　常用绳索救援装备负荷

装备	最低破断强度 /kg	工作负荷上线 /kg
10.5 mm 低延展性夹芯绳	2700	270
10.5 mm 低延展性夹芯绳	3000	300
安全钩	2200~2500	440~500
绳环	2200	220

2. 绳索救援系统承重设计

承重设计（Designed Loading）是指在进行绳索救援操作时绳索系统可以承受的最大承载重量。绳索救援系统的承重设计，不同国家有不同的规定，欧洲标准通常规定为200 kg，北美标准则规定为280 kg。

欧洲标准的承重设计为200 kg，其基本假设为：假定被困人员体重为80 kg；救援人员体重为80 kg；所有技术装备（含担架）重量为40 kg。北美标准的承重设计为280kg，其基本假设为：假定被困人员体重为300磅；救援人员体重为300磅。

在进行绳索救援系统设计时,必须考虑系统各个组件的工作负荷上限,及在装配过程中强度弱化的情况。

（1）绳结强度救援绳笔直时强度是最强的,任何对绳索造成的弯曲都会使它的强度变弱,造成的弯曲越紧,绳索强度越弱。

在一条笔直的夹芯绳上,全部的受力被平均地施加在绳体上,因此绳的外皮和内芯的受力也是平均分摊的。绳的弯曲或是挤压,会造成外皮的绷紧和内在的压缩,绳的内外将不再是平均地分摊受力。结形半径较大的绳结的强度通常大于结形半径较小的绳结。同样的,一条绳绕过一个大树干的强度大于一条绳索穿过安全钩的强度。

绳索经过绳结的反复弯曲之后,原本的强度会降低,负重的能力也会降低。例如强度 40 kN 的两条救援绳,经过双渔人结的连接之后,强度可能仅剩余 70%（约 2800 kg）。此时,救援人员用于垂降或拖拉重物时,负重不应超过 1/10（纤维类装备安全系数为 1∶10）,即 280 kg。否则当发生坠落冲击力过大时,绳索在绳结处可能突然断裂。绳结会使绳的强度弱化,见表 4-2。

表 4-2　不同绳结的弱化程度

绳结	强度 /%
直绳	100
布林结	55~74
蝴蝶结	61~72
8 字结	66~77
双环八字节	61~77
双渔人结	65~80
双平结	43~47
双半结	60~65
系木结	65~70

根据绳结的类型、系扣的精度与整齐度,绳结所造成的绳索强度的降低也各有不同。整理绳结,确保绳结位置的绳索平行并

且系紧,称之为包扎。一个包扎完好的绳结与包扎不完善的绳结在强度损失方面也有不同,见表4-3。

表4-3　绳结包扎对绳结强度的影响

绳结名称	包扎完好的绳结强度损失 /%	包扎不完善的绳结强度损失 /%
吊板结	23	33
单环 8 字结	23	34
绳环 9 字结	16	32
邦尼结	23	39
蝴蝶结	28	39
称人结	26	45

（2）系统强度绳索救援系统由绳索及其他组件装配而成,执行上升、下降、悬吊、支持、拖拉操作。当系统的强度不足以承担负荷的重量时,将会导致系统停止工作或是系统崩溃,甚至相关组件损毁、负荷坠落。

系统强度用系统安全系数(System Safety Factor, SSF)来表示。系统安全系数取决于绳索系统中最低破断强度(MBS)最小的组件,即系统安全由系统中最薄弱的组件决定。

如图4-4所示,系统中自上而下各组件的最低破断强度依次为:篮结制作的锚点21 kN,安全钩30 kN,单环8字结30 kN,安全绳40 kN。其中,系统最薄弱部位在篮结制作的锚点处,最低破断强度为21 kN。当前工作负荷为2 kN,可得系统安全系数为

$$SSF=2kN/21kN=1:10.5$$

如图4-5所示,系统中自上而下各组件的最低破断强度依次为:通过"绕二(圈)拉一(圈)"制作的锚点43 kN,安全钩30 kN,单环8字结30 kN,安全绳40 kN。其中,系统最薄弱部位不再是在锚点处,而是在安全钩处,最低破断强度为30 kN。当前工作负荷为2 kN,可得系统安全系数为

$$SSF=2kN/30kN=1:15$$

| 图 4-4 | 绳索救援系统 | 图 4-5 | 绳索救援系统 |
| 装配范例（一） | | 装配范例（二） | |

图 4-4　绳索救援系统
装配范例（一）　　图 4-5　绳索救援系统
装配范例（二）

由图 4-4 与图 4-5 对比可知,通过改变锚点的安装方式,可以提升系统强度(从 1：10.5 提升到 1：15)。

当绳索救援系统中使用滑轮后,需根据滑轮的用途计算系统相关组件(与滑轮相连接的安全钩、锚点等)的工作负荷,即滑轮的工作负荷取决于系统工作负荷、滑轮的安装方式及其受力角度,如图 4-6 所示。

在使用省力滑轮组时,需要根据滑轮的装配方式逐一分析各个滑轮(及其相关组件)的负荷情况,以准确进行系统强度分析。

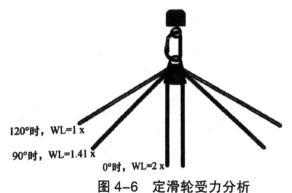

图 4-6　定滑轮受力分析

如图 4-7 所示,系统中自上而下各组件的最低破断强度依次为:通过"绕二(圈)拉一(圈)"制作的锚点 43 kN,安全钩 30 kN,单环 8 字结 30 kN,滑轮 35 kN,安全绳 40 kN。其中,系统最薄弱部位在安全钩处,最低破断强度为 30 kN。此时,安全钩处的工作负荷不再是 2 kN,而是 4 kN。

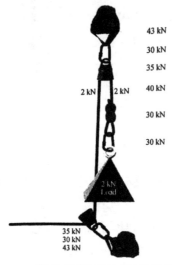

图 4-7　绳索救援系统装配范例(三)

系统的安全系数低于 1∶10 的最低要求,因此,必须更改系统装配方法。可以通过更换相关组件、使用最低破断强度更大的安全钩和滑轮,增加系统的安全性,如图 4-8 所示。

二、悬吊创伤

悬吊创伤(又称悬吊耐受性差、安全带诱导的病变等)是指悬吊人员身着安全带时出现的可能导致无意识甚至死亡的某些不良症状的身体状态,着安全带时可能导致无意识甚至

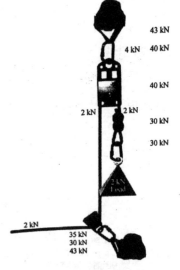

图 4-8　绳索救援系统装配范例(四)

死亡的某些不良症状的身体状态,常是以直立姿势悬吊并保持身体静止不动的悬吊人员,包括受重伤、无意识或在担架中垂直固定的人员。

（一）悬吊创伤形成的机理

当身体处于直立姿势悬吊时,大量的血液淤积于腿部静脉血管中,使之有足够的能力进行大范围扩张。静脉血管中出现大量血液,称之为静脉血淤积。静脉系统中留存大量血液,减少了血液的循环量,并导致循环系统的紊乱。这会导致大脑供血的显著减少,并出现一些症状,包括昏眩、恶心、呼吸暂停、视觉干扰、脸色苍白、眼花、局部疼痛、麻木、潮热,最开始脉搏血压升高,然后血压降至一般水平以下。这些症状被称为昏厥前期,如果这种状态未被察觉,则可能导致无意识(昏厥),最终死亡。其他严重依赖稳定供血的器官(例如肾脏)也可能会受损,并带来严重的后果。即便是非常健康的人,也可能无法免疫悬吊耐受性差的影响。

（二）悬吊创伤的预防

大腿的正常移动(例如上升、下降或悬吊作业)可以激活肌肉,从而将大量血液淤积在静脉血管以及昏厥前期开始发作的风险降至最低。因此,建议保护带的腿环留有足够的宽度,这样易于调整。这也有助于分散负荷,减少血液流经大腿动脉与静脉血管时可能遇到的阻碍。如果需要保持某个姿势较长时间,则应当考虑采取其他安全措施。

已有案例证明,在绳索救援环境下会发生悬吊耐受性差效应。因此,需要一个有效的营救计划来确保发生事故后伤员能够迅速从悬吊位置撤离,并获得适当的现场救护。伤员在悬吊位置静止不动的时间拖得越长,出现悬吊耐受性差效应的可能性就越大,同时后果可能也越严重。

身着安全吊带等候营救的悬吊人员将膝盖抬高可能会减小

悬吊创伤的影响。营救过程中,在保证安全的前提下,伤员自行(或借助营救者)抬高并移动大腿会对伤情有所帮助。伤员应当尽快从悬吊状态转移,对于无法行动的伤员来说,这一点尤其重要。

营救人员应当能够识别悬吊昏厥前期的症状。通常情况下,无法行动且头朝上悬吊,大多数正常的试验者会在一个小时内、20% 的试验者在 10 分钟内出现昏厥前期症状(有时候会出现昏厥),随即会在不可预测的时间内出现昏厥。

（三）悬吊创伤的急救

营救期间与实施营救后,应当按照标准的急救指导来操作,重点是气道、呼吸与循环管理(ABC)。伤情的评估应当包括颈部、背部与重要的内脏器官的损伤。研究与评估中给出的建议是:意识完全清醒的伤员应当平躺;半清醒的或无意识的伤员应当放置在复原体位(也被称为开放气道体位)。

所有身着安全吊带悬吊且无法行动的伤员应当立即送往医院接受治疗。

第二节　绳索基础知识

绳索(或称绳子),是通过扭或编等方式加强后,连成一定长度的纤维。其拉伸强度很好但没有压缩强度,可用来做连接、牵引的工具。

一、发展历史

在 4000 多年前,人类就一直生活在用树皮制成纤维,用手心抵着裸露的大腿把纤维搓成线的时代。考古学研究表明,人类祖先首先使用绳索是在他们的工具和武器上绑上把柄。

到公元前 2800 年,我国人民已经掌握了创造麻绳的技术,我国人民开始用大麻纤维制绳。到公元纪元开始时,用大麻纤维已成为世界上大多数地区的主要制绳材料。

1775 年,英国发明家马虚发明制绳机,结束了手工制绳的时代。

1950 年,人造纤维制造绳索开始使用,直径约 2 毫米的马尼拉绳受到 20 千克的拉力便会折断,而同样粗的尼龙绳则能承受80 千克的拉力。

二、绳索结构

绳索结构如图 4-9 所示。绳皮用以保护绳心。绳芯是主要的受力部分。

绳芯是尼龙纤维热处理之后,织线、捻线股、搓子绳,最后一定数目的子绳平行紧靠在一起,成为绳芯,然后绳芯再上绳皮编织机,排上不同数目的线轴,织出绳皮。

图 4-9　绳索结构

三、绳索分类

绳索可以由多种分类方法。按采用的纤维种类分类,可将绳索分成天然纤维绳和化学纤维绳,亚麻绳、天麻绳属于天然纤维绳索,而 Kevlar 绳、Vectran 绳则属于化学纤维绳;按制造工艺分类,可分为捻绳、编织绳和平行纤维绳;按绳索直径大小分类,可分为绳、索、缆;可按使用行业分为海产用绳索、农业用绳索等;可按使用背景分为军用绳索和民用绳索。根据延展性可分为两大类:

(1)高延展绳索

如图 4-10 所示 UIAA 的标准是 8% 以内,但在跌落中通常伸展 20% ~ 30%。多用于动态攀登及运动攀爬,需符合 EN892 的规定。

图 4-10　高延展绳索

(2)低延展绳索

如图 4-11 所示延展性远低于高延展绳,通常延展性仅 3% 左右,多用于救援、绳索作业,需符合 EN1891 的规定。

图 4-11　低延展绳索

四、绳索保护

如无必要,绳索不要放在潮湿的地面或强烈阳光下(假定绳索是天然纤维制作),以防止啮齿类动物和昆虫的吞啮。如果绳索受潮,不要放置火上强行烤干,也不要拉直放在地面,这样脏物易渗入,砂砾就会在绳索内部磨损绳索。如天气晴朗,可将过于肮脏的绳索放在清水中洗净,然后晒干或风干。

不同条件下应使用不同型号的绳索,最好别混用。登山用绳别用来晒衣服或制成鞭子。当然,在求生境地下,一条绳索不得不用于多个目的。

为防止磨损,绳索末端可编织成鞭状。将绳索盘绕成圈放置,以防自身缠绕不清。这样更便于使用,需要时可及时抽出绳索。

绳索的价值不可低估,甚至有时不得不把生命系于其上,一定要注意保管。

（一）绳索的整理和储存

1. 整理

纤维绳索的使用寿命及其强度会因储存不当,暴露于潮湿环境,或损坏绳股而大事缩短及降低。纤维绳索之末端必须打绳头结以防松散,或者末端加以捆扎如欲截断绳索可在绳索上作两处绳头结,相距 3.3 厘米或 6.7 厘米然后在两绳头结中间截开。

2. 储存

储存纤维绳索,不论时间久暂,均应注意保管以免绳索变坏。

（1）不可储存于潮湿处所。

（2）储存前先小心使之干燥。

（3）可能时,纤维绳索应储存于格架上,或用其它方法使空气能经绳盘流通亦可。

4. 潮湿

绳索如果不断受潮湿必将迅速变坏,绳索潮湿后将行收缩,要做好以下处理措施:

第一,在暴露于雨水或潮湿天候以前先使干而拉紧的绳索放松。

第二,除非绝对必要不可覆盖绳索,因为覆盖足以抑留原有的湿气而妨碍变坏发现。

第三,绳索损坏——绳索在使用时,如果纤维断开及打滑,绳索的强度将大为降低。纤维虽已绞紧,但每遇紧张时必滑动少许,故在绳索使用若干时间后,不应使绳索之负荷到达最大限制,纤维的断开应尽量避免。

(二)绳索的盘绕、放开及检查

1. 盘绕和放开

新绳索通常均盘成绳捆,各绳捆加以绕扎并用麻布加以包裹。欲打开新绳盘,可剥去麻布包布检查绳盘内部找出绳头,绳头通常均在底部,截去绳盘的捆索,经绳盘中心将绳头外拉。绳索的放开系按原盘绕层的反方向,绳索的盘绕则按原盘的相同方向,右旋或普通盘绕的绳索系按顺时针而适当盘绕,逆时针方向而放开。

2. 检查绳索

纤维绳索的外表并不能代表内部的状况,绳索经使用后将行变软,同时因处理搬运的方式不当而亦将变坏、潮湿,绳索所遇紧张的程度、绳股的磨光及断裂,以及磨擦于粗糙的边缘等均可使绳索强度变弱。绳索负荷过量,对器材可能造成重大的损坏,对人员将造成严重的伤害。因此,绳索应定期细心检查,以确定其实际状况,由于绳索的外表不能代表内部构形,故有时须将绳股稍加松散以打开绳索查看其内部情形。生霉的绳索常有腐朽味,且绳股内部纤维颜色亦较暗淡,断裂的绳股及线通常均易于发现,绳索内部如因磨擦而污秽或锯屑状的物质存在,即表示已有损坏。如为有中央心索的绳索,其心索在检查时不应断成碎片,如果已断成碎片,即表示绳索曾经紧张过度。

由于绳索中任何弱点均可减弱全部绳索,故须在数处检查,如果绳索在其它各处均表现良好,可以拉出一两根纤维以拉断之。拉断时若有相当抵抗,即表示绳索纤维仍坚强,若绳索状况发现不良,应予废弃或截成短段作其它用途。

第三节　绳结技术

在作业过程中,绳索要与其他保护装备、固定点及绳子自身发生许多连接,以满足各种实际需要,这就出现了各种各样的绳结。一根绳子是没有生命力的,但一旦赋予它绳结,绳子就立刻变得无所不能了。打绳结本身很容易,关键是要打正确,而且要明白它的用途和原理。更重要的是,要做到能根据使用环境的实际情况打出合理的绳结,这需要在实践中不断地练习。

一、绳结基本术语

（一）绳结结构

绳在制成绳结的过程中会呈现出三种形态：绳耳（bight）、绳环（loop）、绳圈（round turn）。

1.绳耳

将绳的操作端自延伸方向反折180°,使两部分保持平行,所形成的弯曲部分称为绳耳,如图4-12所示。

图 4-12　绳耳

2. 绳环

绳的操作端提起,绕 180° 叠出绳耳,再绕 180° ,与备用段保持平行,但方向相异,称为绳环。如果叠出的绳环在操作端上方,则为上搭绳环(overhand loop);绳环在操作端下方,则为下搭绳环(underhand loop)。如图 4-13 所示。

3. 单绳圈

(round turn),绳的操作端环绕固定物360° (一圈)后,再绕180° ,与备用段保持平行,且方向相同,形成单绳圈,如图 4-14 所示。双绳圈(two round turns),绳的操作端环绕固定物720°(两圈)后,再绕180° ,与备用段保持平行,且方向相同,形成双绳圈。

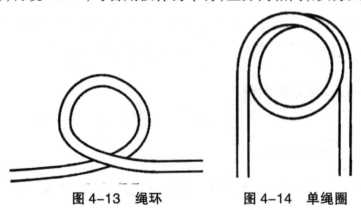

图 4-13　绳环　　　　　图 4-14　单绳圈

(二)绳结分类

1. 结节

结节(Knot),也称系扣,指在绳索上打扣,如半结、蝴蝶结、8字结等。

2. 结着

结着（ Bend ），也称连接，指将绳索的两端或两根绳索连接在一起接合，如 8 字连接结等。

3. 结合

结合（ Hitch ），也称拴结、捆绑，是将绳索绑在树木、柱子等固定物上，或在物体上所制作的绳结，如称人结、返穿 8 字结等。

（三）绳节强度的变化

打结后绳子会发生扭曲，内芯和表皮纤维受力不均，会削弱绳子原有的强度。如果一条绳子在不打结的状态下强度是100%，那么在打成绳结使用时，其相对强度会发生变化，见表4-4。

表4-4　绳结强度变化对照表

绳结	相对强度 /%
无绳结	100
"8" 字结（ Figre-8 ）	70 ~ 75
布林结（ Bowine ）	70 ~ 75
双渔人结（ Double Fisherman ）	65 ~ 70
单环结（ Girth Hich ）	65 ~ 70
单结（ Overhand Knot ）	60 ~ 65
双套结（ Clove Hitch ）	60 ~ 65
平结（ Square Knot ）	45

二、常用绳结技术

（一）双 "8" 字结

通常使用 "8" 字结连接攀登者或锚点绳结使用，而且这个绳结直接与安全带连接起来才是最安全的，所以这个绳结也是目前攀岩正式比赛中唯一允许连接攀登者的绳结。该绳结由于形似阿拉伯数字"8",所以被称作"8"字结。这个绳结一旦打错,后果是致命的,所以要求攀登或作业人员在离开地面时(使用链接时)一定要反复检查,确保万无一失。"8"字结的打法分为将绳子对折后双股直接打的"8"字结(见图4-15)和利用单绳经过编织方式打的"8"字结(见图4-16)。其中第二种是在固定物不能直接套入"8"字结时采用的一种方法。

第一种打法:

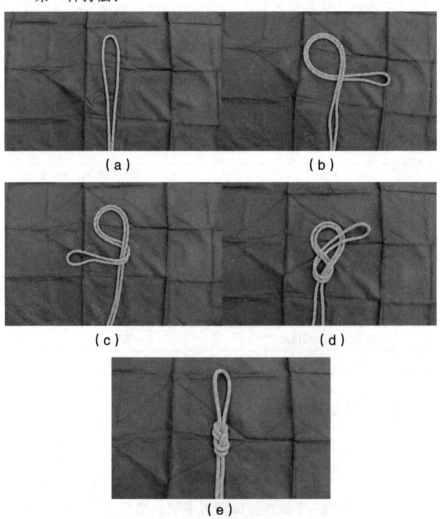

（a）　　　　　　　　　　　（b）

（c）　　　　　　　　　　　（d）

（e）

图4-15　将绳子对折后双层直接打成"8"字结构的打法

第二种打法：

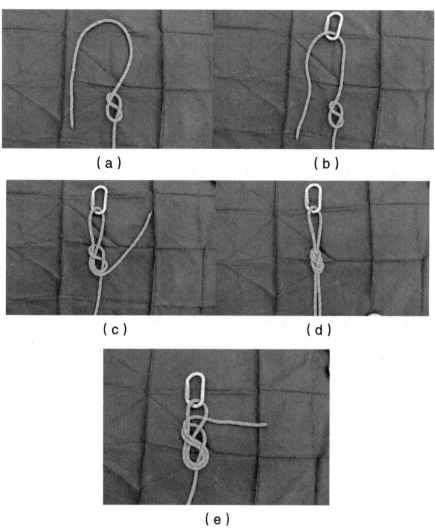

图4-16 利用单绳经过编织方式打的"8"字结构的打法

在攀登中，"8"字结使用得最频繁，攀登者一定要关注以下注意事项：

（1）受力绳圈要尽量与安全带连紧。

（2）绳结连接的部位是安全带的攀登环，并非保护环或其他部位。

（3）打好结后一定要将各部位调整顺滑，以保证均衡受力并易于检查。

（4）打好结后一定要将绳结收紧，松垮的外形是不安全的。

（5）绳尾作好末端处理后，还要留出绳子直径8倍的长度。

（6）攀登前一定要再次检查并确认无误。

（二）布林结

在攀登中经常需要设置锚点，常见的天然锚点通常是树、石头或者横杆等。如果再使用"8"字结就显得很费事，这时就可以使用布林结来代替。布林结在攀登中也是十分著名并被广泛使用的一种绳结，多用于和锚点的连接。打布林结方便快捷，大强度受力后依然容易解开，但其在一松一紧受力不稳定时容易松动以至完全脱开，所以在使用时要反复检查，并且一定要打绳尾结。

布林结打好后，可以直接在绳子上做下降等操作，既安全、又快捷。具体打法与连接固定点的方法如图4-17、图4-18所示。

第一种打法：

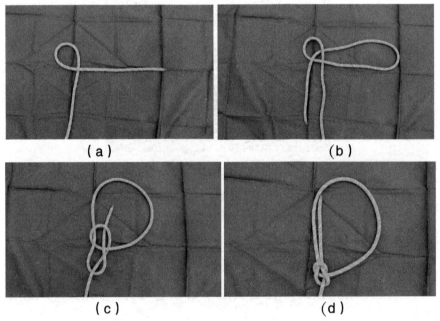

（a）   （b）

（c）   （d）

图4-17　布林结打法1

第二种打法：

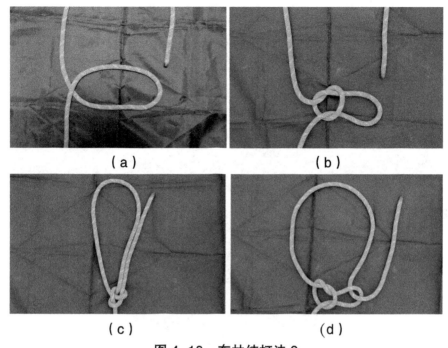

（a）　　　　　　　　　　（b）

（c）　　　　　　　　　　（d）

图4-18　布林结打法2

（三）蝴蝶结

使用蝴蝶结可以在绳子上做一个非常安全、结实的绳环,蝴蝶结也是登山者结组时最常使用的绳结,由于打法复杂,应多加练习（见图4-19、图4-20）。

第一种打法：

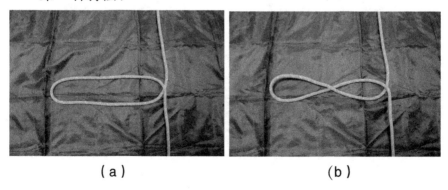

（a）　　　　　　　　　　（b）

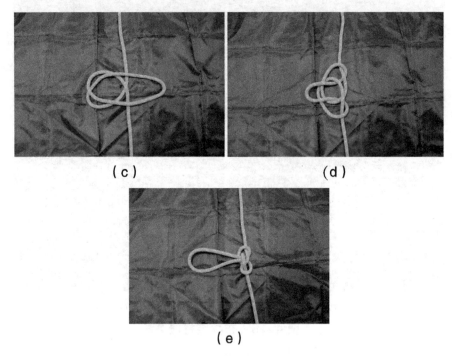

（c）　　　　　　　　　（d）

（e）

图 4-19　蝴蝶结打法 1

第二种打法：

（a）　　　　　　　　　（b）

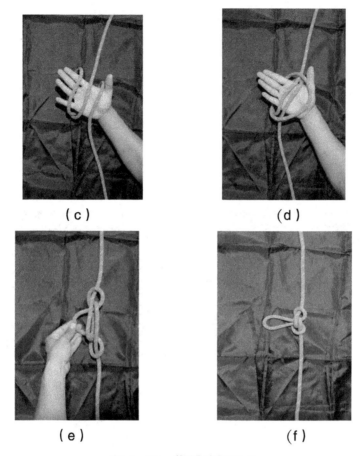

（c）　　　　　　　　　（d）

（e）　　　　　　　　　（f）

图 4-20　蝴蝶结打法 2

蝴蝶结的主要用途如下：

（1）在登山（冰川多人结组行进）中连接中间的攀登者。

（2）高空作业人员可用其做成脚踏环。

（3）在野外需要拉路绳做临时保护时，此绳结可以作为抓手。

（4）如出现绳子破损，也可用此绳结把破损部位隔离开。

（四）双套结

在攀登中，双套结可以提高保护和操作效率，其用途如下：

（1）扣进铁锁做临时保护点。

（2）在多段攀登或设置、拆除保护系统时做自我保护用。

（3）捆绑物体和制作绳索担架时比较常用。

（4）泊船时常用此绳结与码头上的固定点连接。

双套结的优点是打结速度快、容易，可以在绳子间任意地方打结，不需要在绳头的位置打，受力后绳子的两端均可承重；绳结的位置调节便利，但在不受力的情况下容易松开（尤其是质地较硬的绳子或绳子结冰、受冻后）。打双套结要反复操作，直至熟练。而且这个绳结一不留神就会打成意大利半扣，所以还需要反复检查。双套结的打结方法如图4-21所示。

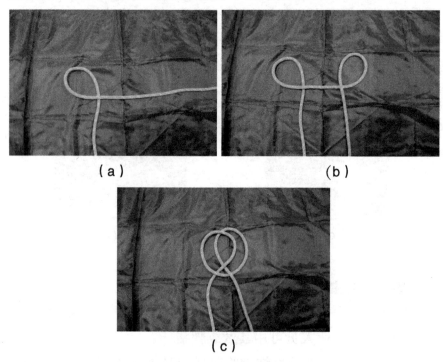

（a）　　　　　　　　　　（b）

（c）

图4-21　双套结打法

（五）平结

平结打法（见图4-22）简便，广泛用于户外运动中。但平结只能用来捆扎物体，决不能用于攀登或其他有承重的操作中。但如果在平结的绳尾再各打一个防脱结，那么这就是一个很好的平渔人结，可用于下降等操作，而且受力后比渔人结容易解开。

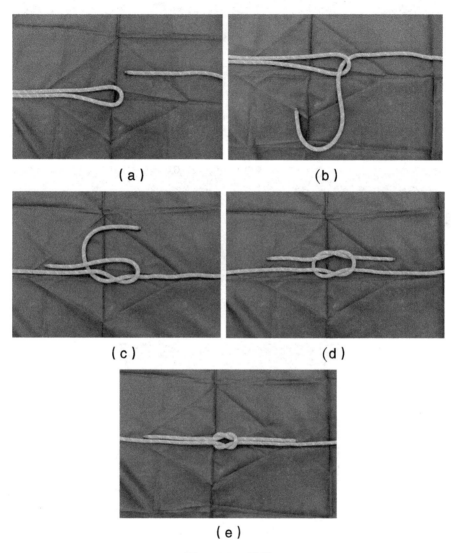

（a）　　　　　　　　（b）

（c）　　　　　　　　（d）

（e）

图 4-22　平结

　　是非常古老的绳结,使用环境非常广泛。其结构、用途、特点与平结相似,但对绳索连接时不必考虑绳索直径,即绳径较粗的绳连接绳径较细的绳也可有效连接,反之依然有效。接绳结的打法如图 4-23 所示。

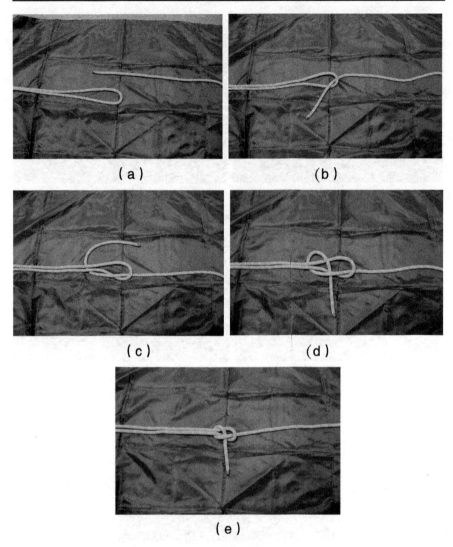

图 4-23　接绳法

平结的最大优点就是简便、易打,但容易松脱,不可用于有任何承重的操作,如攀登、下降等。

平结看起来简单,但容易打错,以下方面需引起注意:

(1)打的方向要正确,两个绳尾下面的是左边压右边,上面是右边压左边,反之亦然。

(2)此绳结只可用于临时连接绳头,决不能用于攀登,如果连接绳头用以攀登等操作,请使用"8"字结、布林结、渔人结等代替。

（3）正确的平结将会呈两个绳套相互联结状，每个绳套由绳头与绳身平行组成，一旦打错，将很容易松脱或变成死结。

（4）绳子粗细、材质不一时不能用平结连接，绳子太滑或太硬也不能用平结连接，这些因素都会导致绳节松脱。

（六）渔人结

打渔人结时，连接两根直径相近的绳子或用同一根绳子的绳头连接后做成绳圈。打好结后，绳尾留出绳子直径 8 ~ 10 倍的长度。渔人结的打法如图 4-24 所示。

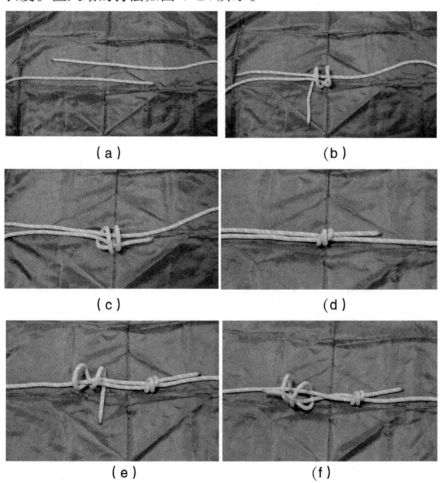

（a）　　　　　　　　　（b）

（c）　　　　　　　　　（d）

（e）　　　　　　　　　（f）

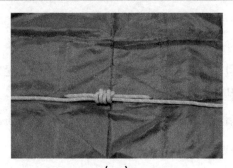

（g）

图 4-24　渔人结

1. 渔人结的打法

（1）将绳尾的一端在另一端上回绕两圈，然后从两个圈内穿出去（防脱结）。

（2）将另一端重复第一步。

（3）打好结后，两绳尾方向相对，并至少留有 5 厘米。

2. 渔人结的用途

（1）连接一根绳子的绳头，形成绳套。

（2）连接直径相同的绳子后做双绳下降。

（3）连接小绳套做抓结。

（4）连接辅绳（直径大于 7 毫米）做保护站用绳。

3. 渔人结的优点和缺点

渔人结的优点是强度大、结实、安全性高。渔人结的缺点是受力后不易解开，尤其是湿的、细的和变软的绳子，抓结在使用几次后几乎是无法解开的。

4. 打渔人结的注意事项

（1）打的方向要正确。

（2）要使用直径相近的绳子连接。

（3）绳尾一定要留得足够长。如果是抓结，至少留 5 cm；如果是主绳，至少留 10 cm。

（4）如使用该绳结连接主绳做下降，一定要记清哪边是绳结端,防止抽绳时搞反。

（七）单结

单结是连接两根绳子最快的一个绳结,并且也容易解开。如果打好后,绳尾留得足够长,那么就可以用于连接绳子后做下降等操作。但即使这样,许多攀登者在使用时还是有些担心,觉得没有双渔人结安全。所以,需要对它建立起足够的信心。此绳结仅用于相对静态的操作(如下降),如有大强度的冲击必须使用渔人结代替。

1. 单结的打法

单结的打法如图 4-25 所示、

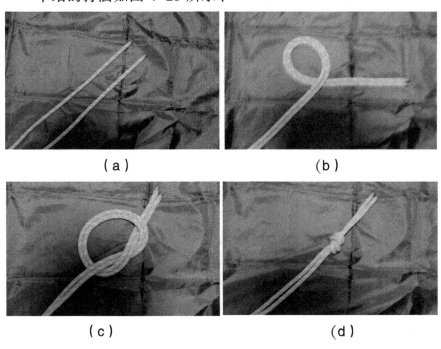

（a）　　　　　　　　　（b）

（c）　　　　　　　　　（d）

图 4-25　单结

（1）将两个绳头同时抓在一起,拧一圈形成一个环。

（2）将两个绳头同时从这个环里穿出去后拉紧。

（3）拉紧后,绳头至少留出 20 厘米,然后拿起其中的一根再次打一个单结作末端处理。

（4）将双股单结和单股单结都用力拉紧，作末端处理的单股单结要尽可能靠近受力的双股单结。

2. 单结的用途

（1）连接两根直径、质地相同的绳子用以下降。

（2）在一根绳中间打一个单结用以悬挂重物。

3. 单结的优点和缺点

单结的优点是简便、受力后容易解开。缺点是如果绳子直径不同，或者绳子变硬后打此绳结容易松脱，使用时对绳子强度的影响较大。

4. 使用单结的注意事项

（1）使用前一定要将此绳结收紧，否则极易松脱。

（2）用单结连接绳子后，绳尾一定要留得足够长（大于 20 cm）。

（3）此绳结仅用于相对静态的操作，不得用以连接辅绳绳头来做保护用绳。

（八）抓结

抓结的打法有很多，叫法也不同，如下降中起制动作用的抓结（Autoblock），救援中起拉拽作用的抓结（Klemheist Knot），还有直接打在铁锁上充当上升器的抓结（Bachman Knot）以及大家熟悉的普鲁士结（Prusik Knot）。这些我们都统称为抓结。

打抓结的绳子应比主绳细而软，否则会影响效果，绳头需要用双渔人结连接。当抓结受力时会抓住主绳，不受力时可以在主绳上上下移动。抓结的打法如图 4-26 所示。

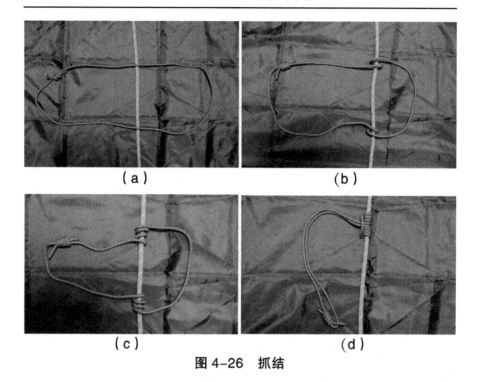

（a）　　　　　　　　　　（b）

（c）　　　　　　　　　　（d）

图 4-26　抓结

1. 抓结的用途

（1）在下降过程中利用其临时制动,起副保护作用。

（2）在救援系统中利用抓结起单向受力的作用。

（3）在临时保护中可替代上升器使用。

2. 抓结的优点和缺点

抓结的优点是打法简便,提供双重保护,在长距离或悬空的下降中可保护制动手不致被烫伤。抓结的缺点是缠绕圈数不好判断,多了会卡死,少了会失效。

3. 打抓结的注意事项

（1）连接抓结绳头的绳结必须是双渔人结,不得使用单结等代替。

（2）使用前一定要先进行测试,看是否受力。

（3）抓结绳套的直径和缠绕的圈数完全取决于所作用的主绳直径大小和绳子质地的软硬程度。作用在单绳上时,使用一根直径为 6 毫米的绳套并缠绕 3 圈。如果主绳较硬,就需要多绕几圈。

（4）抓结绳套的接头处（双渔人结）不可以绕到主绳上去。

（5）当使用次数过多时要经常检查,一旦起毛或破损必须更换。

（6）此绳结也可用一根短扁带代替,打法与小绳套相同。

（九）绳尾结

绳尾结是打在攀登绳绳头尾端的绳结,目的是防止在下降过程中因绳子长度不够而突然从下降器中脱出。这个绳结在遇到坏天气,如天即将变黑、有大风,或无法看到下降地面时使用,对经验欠缺的攀登者能起到很好的保护作用。近些年,在下降过程中由于绳头脱出发生的攀登事故不断增加。所以在任何下降操作中,尤其是在长距离下降、攀冰、自然岩壁攀登中更要格外关注这个绳结。绳尾结的打法如犇 4-27 所示。

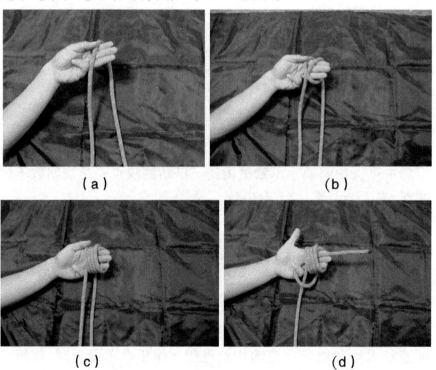

（a） （b）

（c） （d）

（e）

图 4-27 绳尾结

1. 绳尾结的打法

（1）与渔人结类似，将一个绳头往回绕至少 4 圈以上。

（2）将绳头从所绕的绳圈内反向穿回并收紧。

（3）在另一个绳头上重复以上操作步骤。

（4）打好结后，每个绳头、绳尾至少留有 8 cm 以上长度。

2. 注意事项

（1）在抛绳前将绳尾结打好，并且每个绳头都要打上。

（2）根据下降器的不同灵活使用，如果是"8"字环类的下降器，则需要多打几圈，以免绳子从环内脱出，但要是用 ATC 下降器，使用常规的打法就可以了。

（十）意大利半扣

意大利半扣是任何一个攀登者都必须掌握的一个绳结。因为在攀登中保护器一旦丢失，或者绳子被冻住，就需要这个绳结来临时帮助你完成保护和下降。由于这个绳结的原理是通过绳子扭曲后产生摩擦力从而达到制动效果，所以必须打在"HMS"型铁锁（即大锁）上，这种铁锁形状宽大，适宜操作。

1. 意大利半扣的打法

意大利半扣打法如图 4-28 所示。

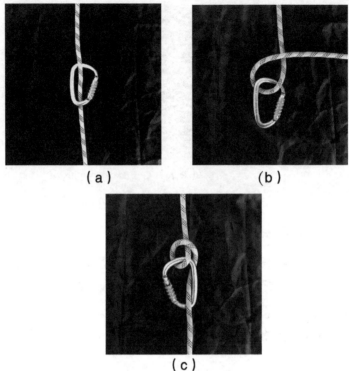

（a）　　　　　　　　（b）

（c）

图 4-28　意大利半扣

（1）在准备打结的地方将绳子提起拧一圈形成一个绳环。

（2）将制动端的绳子连同绳环一起扣进主锁。

（3）调整绳子使制动端与铁锁的锁门相对，不产生任何摩擦。

2. 意大利半扣的用途

（1）临时代替保护器做保护或下降。

（2）在相对平缓的坡面临时下降时使用。

（3）当绳子结冰或变硬不易套入下降器中时使用（雪山上常用）。

（4）结组攀登时用以保护跟攀者。

3. 意大利半扣的优点和缺点

意大利半扣的优点是可代替下降器，使用方便。缺点是对绳子的磨损较大，使用后绳子易扭曲，搅在一起。

4.使用意大利半扣的注意事项

（1）使用前一定要检查方向，避免制动绳与锁门同侧。

（2）一定要与丝扣锁连接使用，或者使用两把简易锁，且锁门相对。

第四节　锚点系统架设技术

锚点用于连接绳索、支持救援负荷，是建立整个绳索救援系统的重中之重。选择锚点时，必须以简单方便、安全可靠为基本原则。单个构筑物（例如结构性钢架）、自然地貌或大树都有足够的强度来作救援绳与保护绳锚点。

在选取与设置锚点时应考虑：锚点受力的方向及锚点需承受的最大负荷；在锚点、锚点系统和工作边界之间是否有足够的距离；锚点是否需要进行相关保护（包括锋利边角、高温、腐蚀性物体等），以避免织物本身受损。使用锚点时，必须坚持双重保护原则，即至少要有两个锚点，至少一个供救援主绳用、一个供确保绳使用，并最大程度地保证其可靠性。

一、锚点的选择

现在线路锚点系统中的锚点都是杆（塔）或横担等，材质多为钢铁，只要场地的建设符合国家标准，那么在它顶端的锚点也都是安全的。

顶绳释放时设置的锚点使用的时间要久些，所以一定要充分考虑安全性。在选择时，通常要考虑以下几点：

1.强度

（1）与杆（塔）连为一体。锚点最好选择与杆（塔）连为一体的，这样相对强度最大。有些杆体在建设施工时，附加于杆体上的一些固定器材,其牢固强度和稳定性都较差。由于受力往往都是单独的,自然没有横担和杆体的强度大。

（2）足够粗大。在杆(塔)上尽可能选择横担或杆体(塔材)来设置锚点,可增加安全系数。

2. 位置

锚点位置的选择取决于作业时范围。一般来说,顶绳释放的锚点通常都设在受困人员的正上方,这样能够有效发挥锚点的作用,与之连接的装备也能发挥出最大的强度。但受路线或现场场地设计等因素的影响,有些锚点(野外时非常常见)无法设在路线的正上方,这时就需要延长扁带的连接或使用副保护。总之,使锚点在垂直方向受力,强度才是最大的。

3. 外形

（1）圆形为佳。现在施工场地的杆体多为圆形,但也有方形或其他不规则形状。由于与锚点连接的装备是扁带,圆形的锚点对扁带的磨损最小,连接后也便于调节,所以是最佳选择。

（2）光滑平整。锚点整体要足够光滑,上面不能有焊接点,否则一旦扁带与之连接,受力后就会撕裂而产生严重后果。

二、锚点的连接方法

由于锚点多是不规则的,有圆柱形、方形或其他形状,通常会使用扁带与其连接,因为扁带既柔软又可以随意调节长短及位置。但用扁带与锚点连接,也有很多注意事项。

（一）连接方法要正确

扁带是织物,只有在平滑受力时强度最大,所以在与锚点连接时,要避免缠绕,最好选取直接搭套的方法。在锚点过大而扁带长度不够时,也可以采用其他方法代替,但最好的还是直接搭套。

（二）连接点避开扁带缝合处

与锚点的结合处要避开扁带的缝合处，如果是手工打结的扁带，水结也要避开此位置。因为由于挤压，可能会使缝合处或打结的位置变形，从而降低强度。

（三）避免扭曲或缠绕

由于扁带是织物，容易在过度摩擦或挤压后破损，所以在使用中应尽可能避免扭曲或缠绕。

三、锚点的设置方法

（一）锚点的设置原则

无论是在施工现场还是在自然环境，设置锚点都需要遵循三大原则：独立、均衡和备份。

（1）独立指每个锚点的设置要相对独立，能够单独受力，即不同的锚点不得打在同一个位置（如同一根杆子），否则如果这个杆子出了问题，那么其他锚点也随之失效。如果有两根或多根扁带，要设置在不同的锚点上。但如果没有独立的位置，只有一个锚点，那么设置一根扁带还是两根扁带，在理论上是没有区别的。

（2）均衡指保护系统受力后，每个点都应保持受力状态，这样才能平均分配总重力。在选择锚点时，要考虑每个点的位置以及扁带数量和长度是否匹配。当锚点设置完成后，如果出现因扁带长短不一而受力不均的情况，一定要调节扁带的长度来保持受力均衡。

（3）备份指在保护系统设置完成后，在一处独立的位置再连接一个锚点。这在自然环境上显得尤为重要，在登山、攀冰时要格外引起注意。但施工现场的锚点通常强度足够大，只要扁带设置合理,锚点检查到位,不用备份也是安全的。

（二）两点间的角度

一旦设置了两个锚点后,两点之间就存在角度问题,所以在选择锚点位置的同时,还要考虑两点之间的角度,如图 4-29 所示。原则上,两点之间的角度减小,每个点所承受的力的大小也相应减小,即对固定点和绳套的拉力也随之变小,使得安全系数增加。一直到角度为零,两个力减小为合力的一半。根据计算,夹角小于 60°,拉力的变化不大,所以要求锚点之间的夹角应小于 60°两点间角度又描点受力情况见表 4-5。

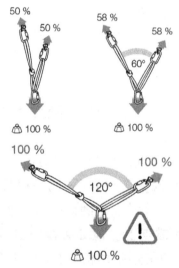

图 4-29　两锚点的角度

表 4-5　两点间角度及锚点受力情况

两点间角度(°)	一个锚点的受力情况 /%
0	50
60	58
90	71
120	100
150	193
170	573

3. 保护系统的连接

保护系统设置好后,需要用铁锁将其连接后才可使用。连接时,要将所有的扁带头都扣入铁锁内;不得将扁带分别套进两把铁锁,这样容易加大两点间的角度。此外,还应使用两把规格、大小相同的丝扣锁与其连接,要求铁锁大头向下,锁门相对并拧紧。

四、工作绳与保护系统的连接

当锚点设置好后,就需要将工作绳与其连接。连接前首先要观察作业位置下方,如果下方有人,则要大声提醒其注意。然后用正确的方法理绳,并将绳尾分别打好防脱结。将绳的一端通过保护系统后慢慢顺下,绳头落地后再多放几米;然后将另一端盘好后一起抛下,抛之前再次确认作业位置下方无人。使用前一定检查绳子的两端是否都已落地并留有足够的长度,且绳子无缠绕情况。

五、锚点设置的操作步骤与要求

（1）到达设置锚点的位置后,先设置自我保护。

（2）选择安全、合理的位置,用扁带与第一个锚点连接。

（3）在另一个相对独立的位置,用另一个扁带与锚点连接。

（4）调整扁带的位置,使夹角小于60°并均衡受力。

（5）用两把铁锁将两条扁带连接在一起,且锁门相对,大头朝下。

（6）如有条件,再设置一个备份锚点与此保护系统相连。这个备份点不得受力而牵扯主锚点,但要能保证在保护系统失效时它能第一时间承重。

（7）将工作绳的绳尾打上停止结并与保护系统连接,确保两个绳尾均落地。

（8）确保绳子无扭曲后,将保护系统上的铁锁锁门拧紧。

六、钢铁构件锚点注意事项

1. 可作为锚点的钢铁构件

常见的比较可靠的钢铁构件锚点主要包括楼梯支撑梁、大型设备支架、吊柱等,其中,钢梁是最为理想的锚点。其他可作为锚点的钢铁构件包括以下几种:

(1)用钢材焊接的栏杆。在实际建筑中有些栏杆是很坚固的,但是要对其强度和安全性进行检查后方能使用。检查时,首先看栏杆的质地、规格是否有足够的强度,避免使用小型栏杆或铝合金栏杆作为锚点;其次,检查栏杆是否通过焊接或螺栓等方式和其他构件可靠连接,可以用脚用力登栏杆看其是否摇晃或振动。这些检查方法虽然不是绝对可靠的,但是有助于判断栏杆的强度。

(2)大口径的钢管。当大口径钢管有着稳固的支撑和固定时,可以选用其作为锚点。要确认钢管连接处是焊接或用螺栓连接的,可以用检查栏杆的方法对钢管进行检查。如果使用竖直的钢管作为锚点,则要注意绳索固定的位置不能离连接处太近,而且要尽量靠近地面。虽然钢铁构件的强度好,但并不是所有的构件都适合作为锚点。

2. 不可作为锚点的钢铁构件

一般应避免使用以下构件作为锚点:

(1)保温管。一般情况下,保温管要么较热、要么较冰冷。太热的话,对安全绳来说是不安全的。另外,保温管外部通常有一层金属外壳,这层金属壳在负荷作用下容易发生变形,变形后的金属壳很有可能产生锐边,对安全绳产生切割作用,从而使整个绳索系统的安全性降低。再者,保温管外面包覆的隔热(绝缘)层有可能影响对保温管直径的判断,从而影响对保温管强度的估计。

（2）较轻的或没有支撑的栏杆。

（3）仪表架。仪表架一般是为了一些测量仪器或其他仪器的摆放而设计的，通常不会十分稳固。

（4）消防栓。消防栓通常是通过法兰连接的，但为了避免车辆撞上去时对消防栓造成严重损坏，法兰上使用的螺栓强度通常要小于管体和阀座，而这些法兰的强度也可能较小，这些问题靠目测通常是无法发现的。另外，使用消防栓作为锚点时，有可能影响消防栓的正常使用，因此通常不使用消防栓作为锚点。

（5）受腐蚀严重的金属构件。化学品的长期腐蚀会使钢材的强度降低，也可能会使金属表面变得很粗糙，粗糙的表面会对安全绳造成严重的磨损。在这种情况下，如果必须使用它作为锚点的话，应该对钢构件比较尖锐或粗糙的地方进行适当的保护。

（6）铸铁或小口径螺纹管。铸铁是一种较脆的金属，应该避免使用铸铁材质的构件作为锚点。同时也应避免使用小口径螺纹管作为锚点，因为管子内部的腐蚀作用可能会使管壁变薄，而从外部看上去往往无法发现这一点。

（7）屋顶空调设备。目前，这些空调设备在许多标准化建筑中很常见。在考虑使用其作为锚点时，一定要确认这些设备足够大且与屋顶有可靠的连接。现有的这些空调设备通常不能承担两个人的重量。

（8）通风管、落水管。通风管通常在建筑物的顶部，落水管通常在建筑物的侧面，管子的牢固性无法保证，绝对不能作为锚点使用。

七、三种基础锚点架设

（一）利用双"8"字结架设基本固定点

利用双"8"字结架设基本固定的方法如图4-30所示。

图 4-30　利用双"8"字结架设基本固定点

（二）利用双"8"字结＋蝴蝶结架设 Y 形固定点

利用双"8"字结＋蝴蝶结架设 Y 形固定点的方法如图 4-31 所示。

图 4-31　利用双"8"字结＋蝴蝶结架设 Y 形固定点

（三）利用兔耳结架设平衡固定点一

利用兔耳朵结架设平衡的方法如图 4-32 所示。

图 4-32　利用兔耳结架设平衡固定点 1

（四）利用兔耳结架设平衡固定点二

利用兔耳朵结架设平衡固定点的方法如图 4-33 所示。

图 4-33　利用兔耳结架设平衡固定点 2

（五）扁带的受力对比

扁带的受力对比如图 4-34 所示 。

8kN   16kN   44kN

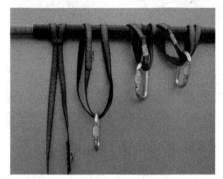

16kN 44kN 44kN 88kN

图 4-34　扁带的受力对比

第五节　省力系统搭建

很多情况下,在救援人员施救伤员的过程中,需要将主系统改造为省力系统(Mechanical Advantage System, MAS)或拖拽系统(Straight Pull System, SPS)。省力系统可以直接在主绳上装配,这可能需要更多的滑轮、安全钩和普鲁士绳环。

在组建省力系统时,救援团队需要根据自身人员与装备配备情况,确定考虑省力系统的类型、是否需要方向的改变、是否需要建立搭载系统、锚点(包括消防车等)的位置、提拉操作所需要的人员等因素。

一、滑轮与省力架构

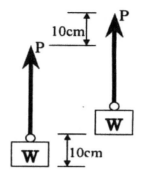

图 4-35　滑轮与省力架构

（1）如图 4-35 所示,当要提起 W 的重物时,所需花费的力相当于重物的质量 W,如重物质量为 1000 kg 则要花费 1000 kg 的力才能提起,当 P 拉起距离 10 cm 则 W 亦升高 10 cm。由此得数学式 P=W。

（2）图 4-36 所示为定滑轮系统(所谓定滑轮是指滑轮固定不动,当系统操作时其位置永远不变)。当要提起质量为 W 的重物 W 时,所需花费的力及提升距离均与图 4-35 所示系统完全相同,唯一不同点是,要提起重物的力 P 方向被改变了。将它分解,如图 4-37 所示。

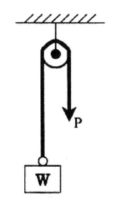

图 4-36　定滑轮系统

由图 4-37 可知,绳子通过滑轮后其力量仍维持不变,定滑轮的作用只是让施力方向改变而已。

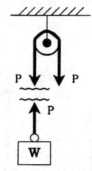

图 4-37　定滑轮施力方向

（3）图 4-38 所示为——动滑轮系统（所谓动滑轮是指滑轮未被固定于某一特定点，当系统操作时其位置随时在改变）。当要提起质量为 W 的重物时，所需花费的力 P 仅需重物质量 W 的一半，然而要把重物升高 10 厘米时，却要往上拉高 20 厘米。将它分解，图 4-39 所示。

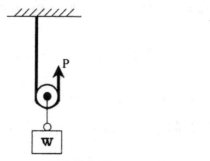

图 4-38　动滑轮系统　　　**图 4-39　动滑轮力的分解**

由此得数学式 2P=W 所以 P=W/2。可将图示再进一步解释如图 4-40 所示。

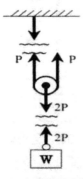

图 4-40　动滑轮数学式解释

另外分析其上升距离如图 4-41 所示：

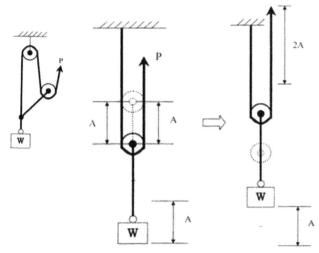

图 4-41 动滑轮上升距离

当重物上升距离为 A 时,相对绳子需往上拉 2 倍的距离。由此可知,当拉力为重力的 1/2 时,重物被拖拉距离也为 1/2。

由上述分析得出以下结论：

动滑轮有省力的作用,定滑轮只是改变施力方向,切记"省力费时,费力省时"的概念。

二、救援常用省力系统

1. 3：1 省力系统

3：1 省力系统如图 4-42 所示。

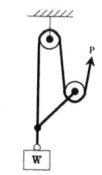

图 4-42 3：1 省力系统

2.4：1 省力系统

4：1 省力系统如图 4-43 所示。

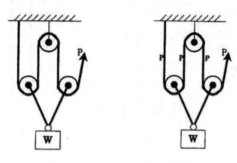

图 4-43　4：1 省力系统

3.5：1 省力系统

5：1 省力系统,如图 4-44 所示。

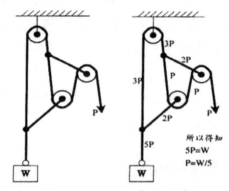

所以得知
5P=W
P=W/5

图 4-44　5：1 省力系统

第六节　装备的检查、保养维护与报废

一、织物类

（1）外观上检查。寻找有无明显的切口、微粒、高温老化、化学品腐蚀的痕迹。

（2）是否有异常硬的／软的部分,用手可以明显的发现损坏的或恶化的部分。

（3）检查承重的缝合处，是否有切口、变形或磨损的痕迹。

（4）检查是否有明显改变颜色的部分，这可能由严重的紫外线损伤引起。

（5）避免踩踏在织物类装备上，避免切割、摩擦在锋利或粗糙的物体表面。

（6）避免可能造成摩擦融化的使用，例如：高速下降，织物间的相互连接切割等。

（7）储存在阴凉、干燥、通风的环境，避免阳光直射。

（8）避免与酸学腐蚀性的化学品接触。

（9）如需清洗，用清水（水温 40℃ 以下）或不含有害物质的清洁剂（pH 在 5.5 ~ 8.5 之间），并在远离阳光和热源的地方自然风干。

（10）如果怀疑此装备有问题，就可以报废处理。

二、金属类

（1）检查装备主体是否有磨损（1 mm 深度范围内）、破裂、腐蚀现象。

（2）检查装备配件的任何弹簧、铆钉、咬齿是否有磨损，工作情况是否良好。

（3）检查套筒、凸轮是否可以正确地打开、闭合。

（4）确保上锁系统，或所有活动部件工作情况良好。

（5）检查对正的铰链、挂钩或手柄等等。确保它们是协调一致的。

（6）注意那些可能摩擦部件地方的应用。

（7）如果需要应使活动部件润滑，润滑的区域应避免接触到织物类装备。

（8）如需清洗，用清水清洗干净，并在远离阳光和热源的地方自然风干。

（9）只要装备发生过一次严重的坠落或碰撞应该退出使用。

（10）装备横切面的磨损超过 1/4 就可以报废。

（11）如果有怀疑此装备，就可以报废。

装备在出厂时会注明最小破坏强度（MBS），然而在实际操作时装备承担负荷会带来弹性疲劳以及使用中的各种磨损，所以装备使用时要依照工作负荷的限制，具体如下：

织物类（WLL），安全比 1：10。

金属类（WLL），安全比 1：5。

第五章　现场紧急处置方案

第一节　现场紧急处置流程

一、前期判断

（1）受困人员状态判断。现场班组人员观察到作业区域内受困人员有紧急症状时，立即大声呼喊受困人员，如无回应，则根据其姿态，初步判断其是否为触电、中暑、突发疾病等意外。

（2）现场环境判断。根据作业环境，排除可能在实施救助的过程中出现的隐患，环境嘈杂、天气状况、线路异常、使用工器具安全性、作业人员状态等。

二、紧急求助

（1）拨打120求助。

（2）拨打120语言："这里有一个病人，需要救护车；我在xxxx（详细地址，及周边地标）；病人初步判断为：xxxx（触电、中暑、突发疾病等）；我名字叫：xxxx（人名），我电话为：xxxx（有效电话号码）。"

（3）倾听调度员问话，得到调度员提示后挂电话。

三、现场处置

根据前期对现场受困人员状态、所处作业位置、作业环境安全、作业场地及具备条件等初步判断,汇总所有信息后确定处置方案,实施救助。

切勿盲目开展救援工作,避免救援过程中(施救人员、受困人员等)发生二次事故,增加现场处置的难度。

四、伤员移交

(1)急救车赶到,将受困人员移交给急救车救护人员。

(2)向救护人员汇报受困人员症状,并详细说明实施紧急救护时的方式方法及效果。

第二节 绝缘斗臂车内受困人员紧急救援方案

一、场景描述

高空作业人员使用高架绝缘斗臂车进行带电作业,作业过程中高空作业人员突发意外情况(触电、突发疾病、中暑等),失去自救的行动能力,被困于绝缘斗内(有限空间)(见图5-1)时,由现场工作小组利用工作绳、滑轮、锁扣等进行人员脱困紧急处置。

（a）　　　　　　　　　　（b）

图5-1　场景描述

适用场景:已挂好工作绳,并且有适用工器具。

优点:基于现场条件,充分利用现有设备和工器具,施救人员在地面完成所有的救援工作,降低救援过程中登高操作可能带来的风险,还兼备操作简单、易学习掌握、效率较高、工器具使用极少等特点。

使用工具:工作绳、滑轮、锁扣。

二、救援方案

(一)方案1:横担保护点工作绳处置法

操作人员 A 操作绝缘斗臂车将斗臂降至作业绳附近,操作人员 B 携带工作绳两端(a、b)进入绝缘斗内,利用顶点工作滑轮搭建5∶1省力系统(单滑轮短距提升)对受困人员进行提拉,脱离绝缘斗释放至地面。

操作流程:

(1)操作绝缘斗臂车,将绝缘斗降至操作绳的附近地面,如图 5-2 所示。

(2)操作人员携带操作绳的两根绳端(a端与b端)进入绝缘斗内。

(3)操作人员将操作绳的a端打双套结挂主锁后挂在绝缘斗内受困人员安全带挂点上(见图 5-3)。如受困人员没有安全带,则用绳圈制作简易胸式安全带(见图 5-4)。

(a)

（b）

图 5-2　操作流程 1

（a）

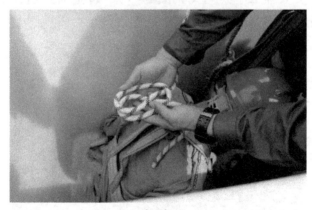

（b）

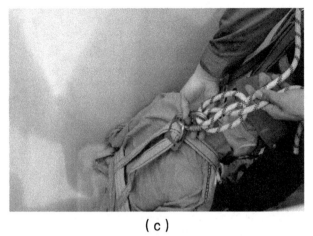

（c）

（d）

图 5-3 操作流程 2

（a）

（b）

（c）

图 5-4　操作流程 3

（4）操作人员拉动操作绳 b 端，预收紧操作绳（见图 5-5 ）。

图 5-5　操作流程 4

（5）操作人员在操作绳 b 端高处（扬手可以触及的地方），打一个蝴蝶结，并在蝴蝶结上挂一把主锁（见图 5-6）。

（a）

（b）

（c）

（d）

图 5-6　操作流程 5

（6）将蝴蝶结下端绳索穿过主锁形成绳环并在绳环上再挂一把主锁（见图 5-7）。

图 5-7　操作流程 6

（7）将操作绳 b 端穿过伤病员安全带挂点上的主锁后再穿过蝴蝶结处的主锁（见图 5-8）。

（8）操作人员一手握住操作绳 b 端，一手拉动操作绳 a 端，使操作绳 b 端处的蝴蝶结提升距离绝缘斗底部 5 米左右（见图5-9）。

图 5-8　操作流程 7

（a）

（b）

图 5-9　操作流程 8

（9）操作人员将操作绳 a 端的双套结收紧，使操作绳上部受力（见图 5-10）。

图 5-10　操作流程 9

（10）操作人员翻出绝缘斗，并向下拉动操作绳 b 端，将绝缘斗内受困人员提升到绝缘斗上口（见图 5-11）。

（a）

（b）

（c）

（d）

图 5-11　操作流程 10

（11）操作员将受困人员拉离绝缘斗后缓慢释放操作绳 b 端，将受困人员释放到地面（见图 5-12）。

（a）

（b）

图5-12 操作流程11

（12）放平被救人员,检查是否为触电,并立即检查是否有呼吸和心跳（见图5-13）。

（a）

（b）

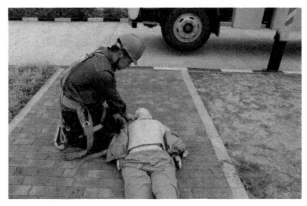

（c）

图 5-13　操作流程 12

（13）如为触电，并且被救人员无呼吸和心跳，则立即进行 CPR。如非触电，按伤情及症状实施紧急救护（见图 5-14）。

（a）

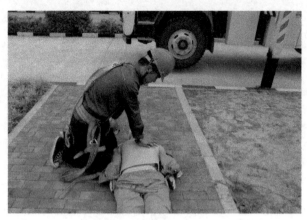

（b）

图 5-14　操作流程 13

注意：实施现场紧急救护（如心肺复苏、创伤包扎等），需观察周围环境，避开周边及上方危险因素，确保操作位置安全，避免二次伤害的发生。

（二）方案 2：杆身保护点处置法

操作人员 A 操作绝缘斗臂车将斗臂降至线杆附近，操作人员 B 携带长绳圈于杆身缠绕 3 圈固定，可利用双滑轮搭建 3：1 省力系统对受困人员进行提拉，脱离绝缘斗释放至地面。

3：1 省力系统搭建流程如图 5-15 所示。

（a）3：1 系统所需工具

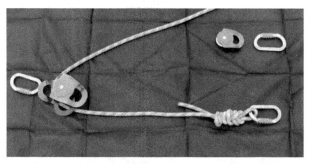

（b）流程1

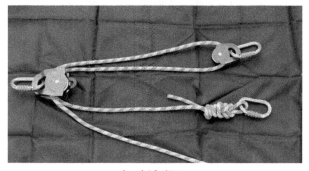

（c）流程2

图5-15 操作流程14

操作流程：

（1）操作绝缘斗臂车,将绝缘斗侧面降至杆的附近地面（见图5-16）。

（a）

（b）

图 5-16　操作流程 15

（2）操作人员进入绝缘斗内，将携带的长绳圈在杆上缠绕 3 周并将一端从圈内穿出（见图 5-17），并尽量推高（如果高度不够，操作人员可以站在绝缘斗边缘上部，用长绳圈缠绕）。调整位置，将穿出的绳圈调在绝缘斗上方。挂上一把主锁，制作杆上保护站（见图 5-18）。

（a）

（b）

（c）

图 5-17　操作流程 16

图 5-18　操作流程 17

（3）操作人员将携带的操作绳的 a 端穿过并联双滑轮一个轮,然后绕一圈再从另一个轮穿过,然后用主锁将并联双滑轮挂在杆上保护站上(见图 5-19)。

（a）

（b）

图 5-19　操作流程 18

操作人员拉动操作绳 a 端,并打双 8 字结用主锁挂在绝缘斗内受困人员安全带挂点上,将保护站上并联双滑轮通过两个轮之间的绳索环,安装救援专用单滑轮后用主锁挂在绝缘斗内受困人员安全带挂点上(见图 5-20)。如受困人员未有安全带,则用绳圈制作简易胸式安全带,制作方法同上。

（a）拆除伤员后备保护

（b）挂入八字结连接

（c）挂入滑轮连接形成 3：1 省力系统

图 5-20 操作流程 19

　　现场也可利用 5 : 1 提拉套装对受困人员进行提拉,缺点是对现场装备需求有一定要求,优点是提升和释放更高效、更安全(见图 5-21)。

(a)5 : 1 提拉套装

(b)提拉套装于保护站连接

（c）提拉套装与伤员连接

图 5-21 操作流程 20

（4）操作人员翻出绝缘斗,并向下拉动操作绳 b 端,将绝缘斗内受困人员提升到绝缘斗上口（见图 5-22）。

（a）

（b）

（c）

图 5-22　操作流程 21

（5）操作员将受困人员拉离绝缘斗后缓慢释放操作绳 b 端，将受困人员释放到地面（见图 5-23）。

（a）

（b）

图 5-23　操作流程 22

（6）放平被救人员,检查是否为触电,并立即检查是否有呼吸和心跳。

（7）如为触电,并且无呼吸和心跳,则立即进行 CPR。如非触电,按伤情及症状实施紧急救护。

（三）方案 3: 绝缘斗升落处置法

操作人员 A 操作绝缘斗臂车将斗臂降至作业绳附近地面,操作人员 B 携带操作绳 a 端挂在绝缘斗受困人员安全带挂点上收紧,携带 b 端穿过斗臂车预留保护点转向增加摩擦,固定受困人员位置。操作人员 A 操作绝缘斗上升与下降,同时操作人员 B 用力拉紧操作绳并在保护点协同配合,使受困人员脱离绝缘斗释放至地面。

操作流程:

（1）操作绝缘斗臂车,将绝缘斗降至操作绳的附近地面(见图 5-24)。

（2）操作人员携带操作绳 a 端进入绝缘斗内。

（3）操作人员将操作绳的 a 端打双"8"字结挂主锁后挂在绝缘斗内受困人员安全带挂点上(见图 5-25)。如受困人员未有安全带,则用绳圈制作简易胸式安全带。

图 5-24　操作流程 23

图 5-25　操作流程 24

（4）操作人员拉动操作绳 b 端,登上绝缘斗臂车,穿过绝缘斗臂车预留的保护点（见图 5-26）,操作绝缘斗上升约 2 米高度（绝缘斗底部至地面距离）。操作人员预收紧操作绳（见图 5-27）。

图 5-26　操作流程 25

（a）操作人员收紧工作绳

（b）操作人员操作斗臂上升

（c）操作斗臂上升至地面 2 米以上

图 5-27　操作流程 26

（5）操作人员收紧通过绝缘斗臂车上保护点的操作绳，并用绳尾端在保护点上打活结（见图 5-28）。

图 5-28　操作流程 27

（6）操作人员操作绝缘斗臂车，将绝缘斗降至地面（偏于工作绳垂直位置），使受困人员悬吊在工作绳上（见图 5-29）。

（a）

（b）

（c）

图 5-29 操作流程 28

（7）操作人员下绝缘斗臂车至受困人员斜下方,并用力拉工作绳,使活结打开,并通过绝缘斗臂车上保护点摩擦,缓慢释放受困人员至地面(见图 5-30)。

（a）

（b）

（c）

图 5-30　操作流程 29

（8）放平被救人员,检查是否为触电,并立即检查是否有呼吸和心跳。

（9）如为触电,并且无呼吸和心跳,则立即进行 CPR。如非触电,按伤情及症状实施紧急救护。

第三节　杆上受困人员紧急救援方案

一、场景描述

高空作业人员在登杆过程中或杆顶进行带电作业,作业过程中高空作业人员突发意外情况（触电、突发疾病、中暑等）,失去自救的行动能力,被围杆绳受力困于杆体中段或被后背保护绳悬吊（见图 5-31）于杆顶作业位置,由现场工作小组利用工作绳、滑轮、锁扣等进行人员脱困紧急处置。

人员悬吊状态:

适用场景:受困人员由于围杆绳受力或后背保护绳受力成悬吊状态,现场未挂好操作绳,并且有适用工器具。

图 5-31　场景描述

优点：基于现场条件，充分利用现有设备和工器具，施救人员在杆上使用少量装备达到迅速、安全解救受困人员的目的，还兼备操作简单、易学习掌握、效率较高、工器具使用极少等特点。

使用工具：工作绳、滑轮、锁扣。

二、救援方案

（一）方案 1：横担意大利半扣释放法

受困人员状态：在杆上无反应，受困人员由后背保护绳受力成悬吊状态。

操作人员携带工作绳达到受困人员位置（解除受困人员围栏绳及脚扣），打双"8"字结连接受困人员，继续携带工作绳到达横担位置建立保护站，在保护站上搭建意大利半扣释放系统，释放受困人员至地面。

操作流程：

（1）操作人员携带工作绳，爬杆至受困人员悬吊位置。解除受困人员围杆绳及脚扣。

（2）操作人员将工作绳打双"8"字结挂主锁后挂在受困人员安全带背部挂点上（见图 5-32）。

图 5-32　操作流程 1

（3）操作人员携带工作绳另一端继续上升至横担位置。

（4）操作人员将后背保护绳挂在横担上做自我保护（见图
5-33）。

a

b

图 5-33　操作流程 2

（5）操作人员将绳圈在受困人员挂后背保护绳横担位置附近缠绕横担一圈（见图 5-34），并在绳圈的两个环挂入一把 H 型主锁（见图 5-35）。

（a）

（b）

图 5-34　操作流程 3

图 5-35　操作流程 4

（6）操作人员将携带上来的工作绳在 H 型主锁打意大利半扣(见图 5-36)，收紧。并将工作绳绕杆一周，用手拉紧。

图 5-36　操作流程 5

（7）操作人员解除受困人员背部保护，使伤员悬吊在工作绳上(见图 5-37)。

图 5-37　操作流程 6

（8）操作人员缓慢释放意大利半扣端的绳索，将受困人释放至地面（见图 5-38）。

（a）

（b）

（c）

图 5-38 操作流程 7

（9）放平受困人员，检查是否为触电，并立即检查是否有呼吸和心跳。

（10）如为触电，并且无呼吸和心跳，则立即进行 CPR。如非触电,按伤情及症状实施紧急救护。

（二）方案 2：地面意大利半扣释放法

受困人员状态：在杆上无反应,受困人员由后背保护绳受力成悬吊状态。

操作人员 A 携带工作绳达到受困人员位置（解除受困人员围栏绳及脚扣）,打双"8"字结连接受困人员,继续携带工作绳到达横担位置建立保护站并将工作绳穿过保护站滑轮,由地面操作人员 B 利用意大利半扣释放受困人员至地面。

操作流程：

（1）操作人员携带工作绳,爬杆至受困人员悬吊位置。解除受困人员围杆绳及脚扣。

（2）操作人员将工作绳打双"8"字结挂主锁后挂在受困人员安全带背部挂点上（见图 5-39）。

图 5-39 操作流程 8

（3）操作人员携带工作绳另一端继续上升至横担位置。

（4）操作人员将后背保护绳挂在横担上做自我保护（见图 5-40）。

（a）

（b）

图 5-40　操作流程 9

（5）操作人员将绳圈在受困人员挂后背保护绳横担位置附近缠绕横担一圈,并在绳圈的两个环挂入一把 O 形主锁（见图 5-41）。

图 5-41　操作流程 10

（6）将携带上来的工作绳再装在救援专用单滑轮上，并挂在O形主锁上（见图5-42）。

图 5-42　操作流程 11

（7）地面操作人员用H型主锁将工作绳打大意大利半扣后挂在自己安全带上（见图5-43）。

（a）地面操作人员握住制动端

（b）意大利半扣与操作人员连接

图 5-43　操作流程 12

（8）杆上操作人员（见图 5-44）及地面操作人员同时牵拉绳索（见图 5-45），使受困人员重心转移到工作绳上，其后背保护绳不再受力，解除其后背保护绳（见图 5-46）。

图 5-44　操作流程 13

图 5-45　操作流程 14

图 5-46　操作流程 15

（9）地面操作人员缓慢释放意大利半扣端的绳索,将受困人释放至地面(见图 5-47)。

（a）

（b）

（c）

图 5-47　操作流程 16

（10）放平受困人员，检查是否为触电，并立即检查是否有呼吸和心跳。

（11）如为触电，并且无呼吸和心跳，则立即进行 CPR；如非触电，按伤情及症状实施紧急救护。

（三）方案 3：电杆固定点意大利半扣释放法

受困人员状态：在杆上无反应，受困人员由围杆绳及脚扣起作用，致受困人员停留在杆上。

操作人员携带长绳圈、工作绳达到受困人员位置，使用长绳圈在受困人员上方杆体建立保护站，搭建意大利半扣释放系统，释放受困人员至地面。

操作流程：

（1）操作人员携带工作绳，爬杆至受困人员悬吊位置。

（2）操作人员进将携带的长绳圈在受困人员上方杆上缠绕 3 周并将一端从圈内穿出。挂上主锁（见图 5-48）。

图 5-48　操作流程 17

（3）操作人员将携带的工作绳一端打双"8"字结用主锁连接在受困人员安全带挂点上，再将工作绳与杆上主锁打意大利半扣。并将工作绳绕杆一周，收紧绳尾端，使受困人员受力（见图 5-49）。

（a）杆身保护站结构

（b）作业人员操作

图 5-49　操作流程 18

（4）操作人员解除受困人员围杆绳及脚扣。

（5）操作人员缓慢释放意大利半扣端的绳索，将受困人释放至地面（见图 5-50）。

（6）放平受困人员，检查是否为触电，并立即检查是否有呼吸和心跳。

（7）如为触电，并且无呼吸和心跳，则立即进行 CPR；如非触电,按伤情及症状实施紧急救护。

（a）操作员释放操作　　　　　　（b）

（c）　　　　　　　　　　（d）

受困人员释放至地面

图 5-50　操作流程 19

参考文献

[1] 杜朋洋.带电作业关键技术研究进展及其发展趋势 [J].企业技术开发,2015,34（35）:13-14.

[2] 樊运晓,余红梅,王晓红,等.供电企业面向作业危险辨识方法研究 [J].中国安全科学报,2009（12）:165-170.

[3] 陈春荣.配网带电作业的现状与安全分析 [J].动力与电气工程,2012（28）:127.

[4] 胡毅.输配电线路带电作业技术的研究与发展 [J].高电压技术,2006（11）:1-10.

[5] 刘夏清,龚政雄,牛捷.带电作业发展现状与未来思考 [J].中国电业技术,2012（11）:477-480.

[6]许俊霞,肖玲玲.遇险自救自我防卫野外生存 [M].北京:中国华侨出版社,2011:1-25,31,45-56.

[7] 胡晔.绳索救援技术基础 [M].北京:中国建材工业出版社,2016:1-12,120-132.

[8]国家电网公司.国家电网公司电力安全工作规程(电力线路部分)[M].北京:中国电力出版社,2009.